Chefsache Leisure Sickness

Peter Buchenau · Birte Balsereit

Chefsache Leisure Sickness

Warum Leistungsträger in ihrer
Freizeit krank werden

Peter Buchenau
The Right Way GmbH
Waldbrunn
Deutschland

Birte Balsereit
London
United Kingdom

ISBN 978-3-658-05782-4
DOI 10.1007/978-3-658-05783-1

ISBN 978-3-658-05783-1 (eBook)

Die Deutsche Nationalbibliothek verzeichnet diese Publikation in der Deutschen Nationalbibliografie; detaillierte bibliografische Daten sind im Internet über http://dnb.d-nb.de abrufbar.

Springer Gabler
© Springer Fachmedien Wiesbaden 2015
Das Werk einschließlich aller seiner Teile ist urheberrechtlich geschützt. Jede Verwertung, die nicht ausdrücklich vom Urheberrechtsgesetz zugelassen ist, bedarf der vorherigen Zustimmung des Verlags. Das gilt insbesondere für Vervielfältigungen, Bearbeitungen, Übersetzungen, Mikroverfilmungen und die Einspeicherung und Verarbeitung in elektronischen Systemen.
Die Wiedergabe von Gebrauchsnamen, Handelsnamen, Warenbezeichnungen usw. in diesem Werk berechtigt auch ohne besondere Kennzeichnung nicht zu der Annahme, dass solche Namen im Sinne der Warenzeichen- und Markenschutz-Gesetzgebung als frei zu betrachten wären und daher von jedermann benutzt werden dürften.
Der Verlag, die Autoren und die Herausgeber gehen davon aus, dass die Angaben und Informationen in diesem Werk zum Zeitpunkt der Veröffentlichung vollständig und korrekt sind. Weder der Verlag noch die Autoren oder die Herausgeber übernehmen, ausdrücklich oder implizit, Gewähr für den Inhalt des Werkes, etwaige Fehler oder Äußerungen.

Lektorat: Stefanie Brich
Coverfoto: fotolia.de

Gedruckt auf säurefreiem und chlorfrei gebleichtem Papier

Springer Fachmedien Wiesbaden ist Teil der Fachverlagsgruppe Springer Science+Business Media
(www.springer.com)

Geleitwort

Endlich Urlaub, die Seele baumeln lassen, abschalten und entspannen. Kein Termindruck, kein Handy, kein Internet.

Die letzten Monate waren anstrengend. Das Projekt war nervenaufreibend und mit vielen Risiken behaftet. Permanente Erreichbarkeit, vielfältige Aufgaben, überdurchschnittlicher Einsatz. Geschafft!

Doch genau jetzt, wo für drei Wochen einmal nur das eigene Wohlbefinden im Vordergrund stehen sollte, erwischen mich Fieber, Schüttelfrost, Kopf- und Gliederschmerzen. Krankenbett statt erholsamer sonniger Tage am Strand.

Solche oder ähnliche Geschichten höre ich als Berater und Coach in der Personalentwicklung immer öfter.

Ich hab ja sonst keine Zeit krank zu werden, ist dann häufig die Selbsterklärung der Betroffenen. Doch alle die regelmäßig am Wochenende oder im wohlverdienten Jahresurlaub krank werden, sollten dies nicht auf die leichte Schulter nehmen. Für das Phänomen, ausgerechnet in der Freizeit krank zu werden, gibt es einen Namen. Das Leisure-Sickness-Syndrom oder zu Deutsch: die Freizeitkrankheit.

Zwei niederländische Psychologen der Universität Tilburg erwähnten im Jahr 2002 in einer wissenschaftlichen Arbeit erstmals den Namen dieses Syndroms (Fiedler 2013). Sie hatten beobachtet, dass viele Menschen häufig in ihrer Freizeit krank werden. Erstaunlicherweise jedoch nicht, weil sie sich einen Virus eingefangen hatten, sondern aus psychosomatischen Gründen.

Besonders betroffen waren Menschen mit großem Verantwortungsbewusstsein, hohen Ansprüchen an sich selbst, Personen, die nur schwer loslassen oder Nein sagen können oder diejenigen, die besonderen Belastungen ausgesetzt waren. Es kann also jeden von uns treffen.

Unsere Arbeitswelt hat sich verändert. Früher waren es Lärm, Schmutz, Chemikalien und Maschinen, die unsere Gesundheit bei der Arbeit gefährdeten. Inzwischen sind die Risiken durch strenge Regelungen minimiert. Doch im gleichen Umfang, in dem die körperlichen Beanspruchungen in der Arbeitswelt geringer wurden, haben die psychischen Belastungen zugenommen. Zeit und Leistungsdruck gehören heute zu den zentralen Belastungen im Job. Jeder einzelne spürt den Druck, überdurchschnittliche Leistung zu erbringen und sich neue Fähigkeiten aneignen zu müssen.

Die Weltgesundheitsorganisation hat psychische Belastungen am Arbeitsplatz zu einem der größten Gesundheitsrisiken des 21. Jahrhunderts erklärt. Die Organisation für wirtschaftliche Zusammenarbeit und Entwicklung bezeichnet sie gar als die neue Spitzenherausforderung am Arbeitsmarkt.

Wie gut jeder einzelne mit psychischen Belastungen umgehen kann und wie viel er davon verträgt, bis sich negative Auswirkungen bemerkbar machen, ist höchst unterschiedlich und von vielen verschiedenen Faktoren abhängig. Gesundheitsgefährdend wird es aber dann, wenn die Belastung dauerhaft anhält, also über viele Monate oder gar Jahre hinweg.

Die daraus resultierenden psychisch bedingten Fehltage in Unternehmen haben sich seit dem Jahr 2001 fast verdoppelt. Die Chefs mehrerer großer Krankenkassen geben den Arbeitgebern eine Mitschuld am dramatischen Anstieg der psychisch bedingten Fehltage. Viele Betriebe versäumten es ihrer Ansicht nach, ihre Mitarbeiter gezielt auf einen verträglichen Umgang mit wachsendem Stress vorzubereiten. Sie verlangen einen radikalen Kurswechsel und eine Stärkung der Gesundheitsvorsorge im Unternehmen.

In vielen Betrieben trägt man dieser Forderung bereits Rechnung. Mit der Förderung der psychischen Gesundheit als Teil des betrieblichen Gesundheitsmanagements versucht man dort, diesem Trend gezielt entgegenzuwirken.

Es gilt im Rahmen eines ganzheitlichen und zukunftsfähigen Gesundheitsmanagements mit nachhaltiger Entwicklung psychischer und körperlicher Gesundheit sowie mentaler Stärke und Belastbarkeit eine solide Gesundheitskultur einzuführen, die dann als tragfähiges Fundament für gesunde Hochleistung dienen kann.

Erkenntnisse aus der Resilienzforschung sowie der Einsatz moderner Persönlichkeitsdiagnostik machen dabei negativ wirkende Denk-, Verhaltens- und Arbeitsmuster sichtbar. Arbeitspsychologen, Coaches, Trainer und Mentoren unterstützen die Mitarbeiter dabei, die Muster zu verändern und den Folgen der psychischen Belastung zu entgehen.

Ein wichtiger Schlüssel des Erfolgs ist dabei, das psychische Gesundheitsmanagement im Unternehmen als kontinuierliche Managementaufgabe zu betrachten, die alle Beschäftigten mit einbindet und auf Management-, Führungs-, und Mitarbeiterebene gefördert und gelebt wird. Hierzu ist erforderlich, dass die Gesundheit der Mitarbeiterinnen und Mitarbeiter als Teil der Unternehmensstrategie in das Leitbild, die Kultur und die Prozesse einer Organisation integriert werden.

Die soziale Verantwortung für einen ausreichenden Gesundheitsschutz der Mitarbeiter am Arbeitsplatz, ist und bleibt Sache der Arbeitgeber. Wer hier nicht über geeignete Ressourcen verfügt, tut gut daran, sich von qualifizierten externen Kräften unterstützen zu lassen.

Führungskräfte und Leistungsträger, die sich präventiv gegen Leisure Sickness einsetzen möchten, sollten dieses Buch unbedingt lesen. Es klärt auf und sensibilisiert für die heutigen Gefahren der psychischen Belastungen in der Arbeitswelt und gibt fundierte Tipps für ein zukunftsorientiertes Gesundheitsmanagement.

Ich wünsche den Autoren für dieses herausragende Buch den maximalen Erfolg.

Krefeld, im Januar 2015   Ihr Michael Bandt

Vorwort

Marc liegt regungslos auf dem heißen Asphalt, sein Kopf blutet. Ein herbeigeeilter Passant leistet Erste Hilfe, reißt ihm das T-Shirt auf und versucht Marc mit einer Herzdruckmassage wiederzubeleben. Von weitem erklingt die Sirene des Rettungswagens, welcher rasch näher kommt. Keine fünf Minuten sind seit Marcs Sturz und dem Eintreffen des Rettungswagens vergangen. Der Notarzt springt aus dem Rettungswagen und beugt sich über Marc. Zu spät – Marc verstirbt in seinen Händen.

Zwei Jahre zuvor
Ich flog von Amsterdam nach London Heathrow, um meinen neuen Chef und Mitstreiter Marc abzuholen. Er war US-Amerikaner, wohnte mit seiner Frau und seiner Tochter in Atlanta und wurde nun für zwei Jahre nach Europa versetzt, um mit mir die neuen Risiko- und Krisenmanagementabteilung aufzubauen. Ich freute mich auf das Kennenlernen, denn so eine Aufgabe und Chance bekommt man nicht jeden Tag in einem US-Konzern. Voller Energie sah ich dieser Aufgabe entgegen. Typisch für alle Amerikaner, die das erste Mal nach Europa fliegen, machte Marc erst einmal den Umweg über London. Da ist man zwar in Europa, spricht aber Englisch. Also erst einmal ein vertrautes Bild. Wir begrüßten uns freundschaftlich, denn wir mussten ja die nächsten zwei Jahre mehr oder weniger miteinander auskommen. Ein kurzer Smalltalk folgte. Kurz darauf bestiegen wir das Taxi zum Hotel, wo Marc eine Zwischennacht einlegen wollte. Im Taxi setzte er den Smalltalk fort mit den Worten: „Schön Peter, dass du mich abholst. Ich freue mich endlich, in Europa zu sein." Darauf trat der Taxifahrer hart in die Bremsen, hielt an, drehte sich um und sagte zu Marc: „Entschuldigen Sie mein Herr – Das hier ist England und Europa beginnt erst auf der anderen Seite des Kanals". Ich musste grinsen, denke aber, dass Marc das damals nicht verstanden hatte.

Was nach der Eingewöhnungsphase für Marc folgte, war eine ganz harte, anstrengende und vor allem auch fordernde Arbeit. Marc und ich teilten uns die Führungsaufgaben auf, hatten wir doch zusammen mehr als 140 Mitarbeiter zu führen. Marc konzentrierte sich auf die Führung von England, Wales, Schottland und Irland sowie die Korrespondenz nach Amerika, ich war für die restlichen europäischen Länder verantwortlich. Kurzum, wir wollten in allen Ländern, gemäß der US-Konzernvorgabe, einheitliche Standards für das Risiko- und Krisenmanagement implementieren.

Im Gegensatz zu mir – ich flog meist am Wochenende nach Hause und verbrachte zwei bis drei Tage in Zürich bei meiner Familie – blieb Marc konsequent in Amsterdam. Zu wichtig war ihm seine Aufgabe. Bei erfolgreichem Abschluss des Projektes wurde Marc eine Vorstandsposition in den USA in Aussicht gestellt. So arbeitete Marc Tag für Tag, meist ohne große Pausen. Zwölf bis 14 h täglich gehörten zur Standardarbeitszeit. Auch Samstag, Sonntag und Feiertags. Groß ausgegangen ist Marc in Amsterdam nie, die Umsetzung machte ja auch keine Pause. Ich glaube, er hat in den zwei Jahren nie die Schönheiten der Stadt Amsterdam gesehen und war bestimmt auch kein einziges Mal an der Nordsee.

Wenn Marc nicht am Wochenende arbeitete, war Marc krank. Er lag mit einer Erkältung im Bett, hatte Fieber und es fröstelte ihn ständig. Montags zur Arbeit, war er aber wieder top fit. Dieser Vorfall wiederholte sich sehr oft am Wochenende. Unter der Woche fit oder gesund genug um zu arbeiten, am Wochenende krank. Auch mich hat es des Öfteren am Wochenende erwischt, aber bei Leibe nicht so oft wie Marc.

Dazu kam, dass ich alleine schon der Familie wegen, auf meine Ferien bestand. Marc hatte in den zwei Jahren keine Ferien. Natürlich hatte er diese gesetzlich und per Arbeitsvertrag zugesichert bekommen, aber er hatte keinen einzigen Tag Urlaub genommen. Sein Ziel war es, „sein Projekt" innerhalb der zwei Jahre abzuschließen und keinen Tag länger. Er wollte so schnell wie möglich wieder zurück nach Amerika, zu seiner Frau und Tochter. Darauf angesprochen, ob er nicht mal ein paar Tage nach Hause fliegen wollte, antwortete er stets: „Warum? Ich sehe doch meine Familie fast täglich per Videokonferenz oder höre sie per Telefon". Mich beängstigte diese Aussage sehr.

Der entscheidende Tag kam näher. Das Projekt wurde im Gegensatz zum Berliner Flughafen „on-time" und „in-budget" abgeschlossen. Zwar buchstäblich in letzter Minute, aber Zieldatum eingehalten ist Zieldatum eingehalten. Allerdings sah man unseren Gesichtern den zweijährigen Dauerstress massiv an. Ich alleine verzeichnete in den zwei Jahren über 300 Flüge und 400 Hotelübernachtungen in ganz Europa. Wir sind durch diese Belastung älter geworden, ich habe die ersten grauen Haare bekommen und war weit von meiner körperlichen Höchstform entfernt. Auch hatte ich in dieser Zeit 25 kg zugenommen. Bei Marc war es aber ganz deutlich zu erkennen. Er wirkte blass, hatte bei leichtester Belastung einen erhöhten Blutdruck. Er wirkte antriebslos, leer und ausgebrannt. Nun wollte Marc nur noch eines: Zurück nach Amerika auf seinen neuen Vorstandsposten. Zuvor aber noch ein vierwöchiger Urlaub mit seiner Familie im gemeinsamen Ferienhaus in Miami. Das hatte er sich nun aber redlich verdient.

Als wir uns am Amsterdamer Flughafen verabschiedeten, wusste ich nicht, dass das unser letztes Wiedersehen war. Ich setze mich in die Swissair und schlief sofort ein. Marc flog nach Atlanta, sammelte Frau und Kind ein und flog noch am selben Tag weiter nach Miami. Dort angekommen, packte er als erstes die Koffer aus. Sofort holte er die Sportschuhe aus dem Koffer. Er hatte Lust zu laufen. Zwei Jahre hatte er gar nichts mehr getan. Das Laufen musste jetzt sein. Er zog ein leichtes T-Shirt an, seine Sporthose und schnürte seine Laufschuhe. Er schloss die Tür zum Haus, brüllte noch zurück: „Schatz, ich bin kurz laufen" und joggte los. Seine Frau winkte ihm zu, nicht zu wissen, dass sie Marc das letzte Mal sah. Woher denn auch. 15 min später war Marc tot.

Peter Buchenau, in Gedenken an Marc und seine Familie
Waldbrunn, im Januar 2015

Inhaltsverzeichnis

1	**Das Adrenalinzeitalter**	1
	Literatur	6
2	**Was ist das Leisure-Sickness-Syndrom**	7
	2.1 Was sind die Symptome?	8
	2.2 Erste Forschungen	8
	2.3 Das LS-Syndrom in Deutschland?	9
	2.4 Wochenend- vs. Freizeit-Syndrom	9
	2.5 Das leidige Thema Migräne	9
	2.6 Thema Herzinfarkt	11
	2.7 Thema Schlaganfall	11
	Literatur	12
3	**Der Beginn des LS-Syndroms**	13
	3.1 Eine kurze Einführung in die Entstehung des LS-Syndroms	13
	3.2 Gründe und Erklärungsversuche des LS-Syndroms	13
	3.2.1 Wird die Freizeit geschätzt?	18
	3.2.2 Ein etwas neuerer Erklärungsversuch	19
	3.2.3 Der Spezialfall Wochenendmigräne und dessen Gründe	20
	Literatur	20
4	**Rahmenbedingungen des LS-Syndroms**	23
	4.1 Überlastet oder gar schon gestresst?	23
	4.1.1 Freizeitstress	26
	4.1.2 Burnout	27
	4.1.3 Was macht Stress eigentlich mit unserem Körper?	30
	4.2 Der Übergang von Arbeit zu Freizeit	32
	4.3 Erholung	34
	4.3.1 Erholungsarten	34
	4.3.2 Erholung und Ferien	35
	4.3.3 Warum ist Urlaub so wichtig?	36

4.4	Gesundheit und Krankheit	37
	4.4.1 Entstehung von Gesundheitsproblemen	38
	4.4.2 Durch Stress verursachte Erkrankungen	38
	4.4.3 Chronische Krankheiten in Kombination mit chronischem Stress	40
	Literatur	41

5 Coping 43
    5.1 Dem Stress entgegenwirken: Theorien 43
    5.2 Warum ist Freizeit überhaupt so wichtig? 44
    5.3 Der Nutzen der Freizeit und dessen Coping-Strategien für Männer und Frauen 46
    5.4 Körperliche Freizeitaktivitäten reduzieren Krankheiten 48
    5.5 Outdoor-Sport 50
    Literatur 51

6 Der Job und die eigenen Ressourcen 53
    6.1 Wie wichtig sind Pausen wirklich? 55
    6.2 Arbeitsbelastung, Arbeitsleistung und Ferien 56
    6.3 Wenn Freizeitaktivitäten aufgegeben werden 57
    Literatur 57

7 Das LS-Syndrom und dessen Interaktionen 59
    7.1 Das LS-Syndrom und dessen wirtschaftlichen Auswirkungen .. 60
    7.2 Erholung von dem LS-Syndrom 61
    Literatur 61

8 Was sagen Betroffene? 63
    8.1 Was für Symptome hat unsere Betroffenengruppe? 63
    8.2 Wann tritt das LS-Syndrom auf? 64
    8.3 Das soziale Umfeld und das LS-Syndrom 65
    8.4 Die Verbindung zwischen LS-Syndrom, Stress und Erholung .. 65
    8.5 Erholung während der eigenen Freizeit 66
    8.6 Der Versuch, mit dem LS-Syndrom umzugehen 67
    8.7 Was bieten Firmen an? 68
    8.8 Unsere Persönlichkeit und das LS-Syndrom 69
    8.9 Was hilft? 69
    Literatur 70

9 Was sagen Experten? – Resultate der Experteninterviews ... 71
    Literatur 85

10 Zusammenfassung 87
    Literatur 89

11 Warum wir dieses Buch geschrieben haben 91

12 5 Tipps an Betroffene, die Sie ohne großes Engagement anwenden können 93
    12.1   Ich atme richtig 93
    12.2   Ich gönne mir eine Pause 94
    12.3   Ich sage Nein 95
    12.4   Ich bewege mich regelmäßig 96
    12.5   Ich schlafe ausreichend 98

13 Die Top-3-Tipps für Führungskräfte und Manager 101
    13.1   Erlernen der Achtsamkeit gegenüber Ihnen und Ihrem Team 102
    13.2   Die Organisation auf die Prävention des LS-Syndroms ausrichten 103
    13.3   Gesundheit als Erfolgsfaktor definieren 105

14 Interview mit Claudia Strobl, ehemalige Profisportlerin 109

15 Nachwort 113

Das Adrenalinzeitalter

Leben auf der Überholspur

Sie leben unter der Diktatur des Adrenalins. Sie suchen immer den neuen Kick und das nicht nur im beruflichen Umfeld. Selbst in der Freizeit, die Ihnen eigentlich Ruhephasen vom Alltagsstress bringen sollte, kommen Sie nicht zur Ruhe. Mehr als 41 % aller Beschäftigten geben bereits heute an, sich in der Freizeit nicht mehr erholen zu können. Tendenz steigend. Wen wundert es?

Anstatt sich mit Power-Napping (Kurzschlaf) oder Extrem-Couching (Gemütlichmachen) in der Freizeit Ruhe und Entspannung zu gönnen, macht die Gesellschaft vermehrt Extremsportarten wie Fallschirmspringen, Paragliding, Extremclimbing oder Marathon zu ihren Hobbys. Jugendliche ergeben sich dem Komasaufen oder stellen sich unter den Einfluss verschiedenster Partydrogen.

Sie hasten nicht nur mehr und mehr atemlos durchs Tempoland Freizeit, sondern auch durch das Geschäftsleben. Ständige Erreichbarkeit heißt die Lebens-Lösung, eine so genannte Blackberrymanie und iPhone-Abhängigkeit ist sogar regelrecht ausgebrochen. WhatsApp, Facebook und Twitter laufen der SMS den Rang ab. E-Mails und virtuelle Kommunikation über die halbe Weltkugel bestimmen das Leben. Wer heute seine E-Mails und Tweets nicht überall online checken kann, ist out. Smartphones, Handys, PDAs und Laptops mit

---

Birte Balsereit hat im Rahmen ihrer Bachelor zu diesen Themen geforscht und bedankt sich bei der Supervisorin Prof. Dr. Möller von der Internationalen Hochschule Bad Honnef – Bonn.

den unterschiedlichsten Kommunikationsmöglichkeiten machen dieses Turboleben mehr und mehr möglich und auch bezahlbar. Flatrates der Telekommunikationsanbieter begünstigen jeden dieser Adrenalin-Junkies.

Peter Buchenau
Gerade letzte Woche habe ich einen von diesen handysüchtigen Möchtegern-Managern in einem Wellnesshotel getroffen. In der Sauna und natürlich mit Handtuch bekleidet – und mit dem neusten Smartphone von Samsung am Ohr. Es soll sogar Menschen geben, die den Laptop mit auf das stille Örtchen nehmen. Wissen sie eigentlich, was der häufigste Reparaturgrund für Smartphones ist? Wasserschaden, und dreimal dürfen sie raten, wo das passiert. Mal ehrlich: Wenn es eine so genannte Führungskraft nicht schafft, ihr Smartphone für zwei Stunden abzuschalten, dann hat sie den Titel Manager oder gar Führungskraft nicht verdient. In meinen Reden, Seminaren und Coachings schicke ich diese Möchtegern-Manager wieder zurück auf die Schulbank. Sie haben das Handwerkszeug Führung und Management nicht gelernt oder sind eventuell bei der Prüfung in diesem Thema durchgefallen.

Dazu fällt spontan ein älterer Werbeslogan eines Deutschen Telekommunikationsanbieters ein:

Sie: Musst du nun unbedingt deine E-Mails checken?
Er: Ja, warum?
Sie: Weil wir auf einem Skilift sind?

Klar, die Anforderungen im Beruf werden immer größer und komplexer. Die Zeit überholt uns, engt uns ein, bestimmt unseren Tagesablauf. Oft sind wir fremdbestimmt. Zu viel Arbeit steht an, ein Meeting jagt das nächste und ständig klingelt das Telefon. Multitasking ist angesagt und wir wollen so viele Tätigkeiten wie möglich gleichzeitig erledigen.

Schauen Sie sich doch mal in Ihren Meetings um. Wie viele Angestellte im Unternehmen beantworten in solchen Treffen gleichzeitig ihre E-Mails oder schreiben digitale Informationen? Kein Wunder, dass diese Mitarbeiter dann nur die Hälfte mitbekommen und Folgemeetings notwendig sind. Kein Wunder, dass das Leben einem dann davon rennt. Aber wie sagt schon ein altes chinesisches Sprichwort: „Zeit hat nur der, der sich auch Zeit nimmt." Zudem ist es unhöflich, seinem Gesprächspartner nur halb zuzuhören. Mangelnde Meetingdisziplin gilt in vielen Unternehmen immer noch als Kavaliersdelikt, besonders, wenn es der Chef negativ vorlebt.

Das Gefühl, dass sich alles zum Besseren wendet, wird sich mit dieser Einstellung nicht einstellen. Im Gegenteil: Alles wird noch rasanter und flüchtiger. Müssen Sie dafür Ihre Grundbedürfnisse vergessen? Wurden Sie mit Stress oder Burnout geboren? Nein, sicherlich nicht. Warum müssen Sie sich dann den Stress antun?

Zum Glück gibt es dazu das Adrenalin. Das Superhormon, die Superdroge der High-Speed-Gesellschaft. Bei Chemikern und Biologen auch unter $C_9H_{13}NO_3$ bekannt.

Dank Adrenalin schuften/rennen Sie wie ein Hamster im Rad. Schneller und schneller und noch schneller. Sogar die Freizeit läuft nicht ohne Adrenalin. Ich kenne Familien, die haben permanenten Freizeitstress. Sie haben den Luxus, beruflich gut situiert zu sein, haben keine finanziellen Schwierigkeiten. Also muss Freizeitstress her. Man verpflichtet sich in vielen Vereinen, nimmt Ehrenämter an, meldet die Kinder in vielen Vereinen und Lehrgängen an, gibt ihnen Nachhilfeunterricht. Und dieses nicht in unmittelbarer Umgebung, nein – es müssen ja die Besten sein – und so fahren Mama oder Papa jeden Wochentag Sohnemann und Töchterchen zu den unmöglichsten Terminen kreuz und quer durch die Gegend. Jetzt haben die Eltern Stress, ja das Ziel ist erreicht. Nun können beide mitreden, sie gehören dazu.

Es wundert also nicht, dass der Stress in den letzten Jahren dramatisch zugenommen hat und somit auch die Adrenalinausschüttung in ihrem Körper. Die Jagd nach Anerkennung, nach Dazugehören, treibt die Menschen immer weiter. Heute keinen Stress zu haben, wird leider von Kollegen schon als Arbeitsverweigerung dargestellt. Wie kann denn das sein, fragen sie sich. Ohne Stress und Burnout ist man heute kein richtiger Mensch mehr.

Dabei ist diese Betrachtungsweise im Business schon sehr komisch: Da produzieren Sie massenhaft Adrenalin und können dieses so schwer erarbeitete Produkt nicht verkaufen. Ja, nicht mal verschenken können Sie es. In welcher Gesellschaft leben Sie denn überhaupt, wenn Sie für ein produziertes Produkt keine Abnehmer finden?

Deshalb die Frage aus betriebswirtschaftlicher Sicht an alle Unternehmer, Führungskräfte und Selbstständigen:

Warum produzieren Sie ein Produkt, das Sie nicht am Markt verkaufen können? Wären Sie meine Angestellten, würde ich Sie wegen Unproduktivität und Fehleinschätzung des Marktes feuern.

Daher auch unser Tipp an alle Personalverantwortliche und Führungskräfte: Verehrte Leserinnen und Leser, stellen Sie keine Adrenalinjunkies ein, es wird Sie viel Geld kosten. Haben Sie eine Ahnung, was Ihnen oder Ihrem Unternehmen für Kosten entstehen, die durch Stress verursacht werden? Vielleicht sollten Sie diese Frage einmal Ihrem Buchhalter stellen. Gemäß eines Berichtes des Deutschlandfunks vom 29.1.2013 verursacht Stress am Arbeitsplatz gewaltige Kosten (Buchenau 2014). Alleine im Jahr 2013 sind 59 Mio. Arbeitsstunden wegen psychischen Erkrankungen ausgefallen, 80 % mehr als noch vor 15 Jahren. Kostenpunkt: sechs Milliarden Euro, so von der Leyen, nicht einberechnet seien dabei die Ausgaben für die medizinische Behandlung. Mit 41 % sind psychische Erkrankungen inzwischen auch Ursache Nummer eins für Frühverrentungen. Höchste Zeit also, dass Sie als Unternehmer und Führungskraft das Thema ernst nehmen.

Leider trifft Stress und Burnout meist nur die Leitungsträger in einem Unternehmen. Auch Selbstständige sind stark betroffen, da diese es sich kaum leisten können, mal einen Tag nicht zur Arbeit zu gehen, weil sie dann ja nicht entlohnt werden. Dazu kommt die Angst, nicht nahtlos in einen neuen Auftrag wechseln zu können. Ein Gefühl der Sicherheit muss her. Daher wird jeder Tag, der als Selbstständiger zu verrechnen ist oder im angestellten Bereich uns dem Projektziel näherbringt, ausgenutzt. Aufkommende Krankheiten werden ignoriert und erst einmal zurückgestellt. Man(n) hat einfach keine Zeit zum krankwerden. Die Arbeit, die Leistung hat Priorität. Es geht um Anerkennung und Macht. Krank sein symbolisiert Schwäche.

Kennen Sie das Gefühl nicht? Man fiebert dem Urlaub entgegen, doch zuvor muss noch ein wahrer Berg von Arbeit erledigt werden. Um gewissenhaft alles fertigzustellen, setzt man sich jeder Menge zusätzlichem Stress aus. Hat man endlich alles geschafft, fällt der psychische Druck ab und der Körper meldet sich mit diversen Krankheitssymptomen.

Peter Buchenau

Ich persönlich kann ein Lied davon singen. Zurückblickend wurde ich in meinen früheren Karrierejahren immer kurz vor Ferienbeginn krank. Nahezu jedes Mal wenn ich in die Ferien fahren wollte, bekam ich ein bis zwei Tage zuvor Fieber und eine Erkältung. Natürlich trieb mich mein Bewusstsein immer wieder an, motivierte mich. Nein, jetzt kannst du nicht zu Hause bleiben! Gerade vor den Ferien wollte ich alles geordnet übergeben. Ich konnte mir die Symptome und mein Verhalten nie erklären: Ich weiß nur, es hat mich maßlosgeärgert. Da freut man sich ein Jahr lang auf seine Ferien und dann ist man krank. Dieses Krankheitsgefühl dauerte in der Regel zwei bis drei Tage. Zugegeben, das ist nicht lang, aber geärgert hat es mich trotzdem. Heute bin ich schlauer. Ich weiß, es gibt sogar einen Begriff dafür ‚Leisure-Sickness.

Die sogenannte „Leisure Sickness", zu Deutsch „Freizeitkrankheit", beschreibt das psychologische Phänomen des regelmäßigen Krankwerdens in Leerlaufzeiten. Wie schon angesprochen, erkranken die Betroffenen häufig am Wochenende oder im Urlaub. Geschätzt sind in Deutschland rund 250.000 Menschen davon betroffen. Seit 2001 ist das Phänomen der „Leisure Sickness" wissenschaftlich erforscht und anerkannt.

Auslöser ist das Verschleppen von Stresssymptomen, eine unbeachtete Stresssymptomatik. Häufig betroffen sind Menschen, die unter hohem Leistungsdruck stehen, sehr hohe Ansprüche an sich selbst stellen und nicht abschalten können.

Daher sind Leistungsträger, Perfektionisten und Menschen mit Helfersyndrom häufig von dieser stressbedingten Krankheit betroffen. Erst wenn der Stresslevel sinkt und damit die Ausschüttung an Adrenalin sich reduziert, merken sie, wie schlecht es ihnen geht.

Wir Autoren, wir haben uns zwischenzeitlich damit arrangiert und wissen damit umzugehen. Es gibt präventive Maßnahmen, was Sie tun können, damit dieses nicht bei Ihnen passiert. Wir können darüber schreiben. Frau Balsereit, weil sie diese Thematuk studiert hat und Peter Buchenau, weil er es am leiblichen Körper erlebt hat. Leisure-Sickness geht jede Führungskraft und jeden Leistungsträger an. Egal, ob Sie nun Manager oder Profisportler sind. Was das genau ist und was Sie dagegen tun können, erfahren Sie auf den nächsten Seiten.

Literatur

Buchenau, P. (2014). *Der Anti-Stress-Trainer*. Wiesbaden: Springer Gabler.
Balsereit, B., & Möller, C. (2013). *Leisure Sickness: A qualitative approach to reduce the phenomenon – from a company's point of view.* Internationale Hochschule Bad Honnef-Bonn.

Was ist das Leisure-Sickness-Syndrom 2

Viele Menschen assoziieren Wochenende, Ferien, Urlaub und Freizeit mit Erholung, Wohlbefinden und Vergnügen. Für einige – viele – unter uns werden allerdings genau diese „Freizeiten" zur Zerreißprobe. Negative Einflüsse kommen auf uns zu. Rückenschmerzen, Migräne, grippale Infekte bis hin zu Herzinfarkten und Schlaganfällen sind gemeint. Worüber wir sprechen? Über das Leisure-Sickness-Syndrom. Nachfolgend werden wir im Verlauf des Buches anstelle von Leisure-Sickness-Syndrom die Kurzform LS-Syndrom verwenden.

Nach einer langanhaltenden Stressphase sind nun endlich die befreienden Ferien und der wohlverdiente Urlaub in Sicht. Wie haben Sie sich auf diese Pause gefreut. Egal, ob Sie zum Skifahren oder Wandern in die Berge, zum Sonnen an den Strand oder einfach nur zum Faulenzen zu Hause aufbrechen. Doch kaum sind Sie weg aus dem stressigen Arbeitsumfeld, meldet sich Ihr Körper. Der erste, zweite Tag im Urlaub und die „Migräne klopft an", man liegt erkältet und erschöpft im Hotelzimmer, kann sich vor Rückenschmerzen kaum bewegen oder im schlimmsten Fall kommt der Herzinfarkt ganz unerwartet.

Wie der Name schon sagt, ist das LS-Syndrom ein Phänomen, in dem sich gesundheitliche Beschwerden während des Wochenendes und/oder in den Ferien bemerkbar machen, die ganz verschiedene Facetten haben und doch so viele Zusammenhänge aufzeigen.

Für Sie als Leistungsträger ist es daher wichtig, mögliche vorhergehende und beeinflussende Faktoren hinsichtlich eines möglichen LS-Syndroms zu bestimmen, um daraus effektive Präventionsstrategien und Interventionen anbieten zu können.

Wie so oft zeigten Tierstudien aufschlussreiche Ergebnisse. Wie eine Studie von Mason und Kollegen schon im Jahre 1961 zeigte, bekamen Affen, die stressvolle Aufgaben erledigten, Geschwüre und Magenbeschwerden „erst" in der „Verschnaufpause" (zit. nach Van Heck und Vingerhoets 2007). Die Krankheitssymptome zeigten sich also nach Erledigung der Aufgaben und nicht während des Stresses selber. Auch eine Studie an Ratten von Dhabhar et al. aus dem Jahr 1993 zeigte, dass die individuellen Unterschiede in Bezug auf die eigenen Erholungsphasen eine wichtige Rolle spielen (zit. nach Van Heck und Vingerhoets 2007). Unter anderem auch, wie sich die Produktion von Stresshormonen, zum Beispiel Kortisol, abspielt.

2.1 Was sind die Symptome?

Häufig auftretende Krankheitssymptome des LS-Syndroms sind Kopfschmerzen, Übelkeit, Erbrechen, Mangel an Energie, Migräne oder Muskelschmerzen – speziell Rückenschmerzen oder generelle Schmerzen. Mittlerweile wurden auch sehr viel schlimmere und weitreichendere Auswirkungen beobachtet. Studien berichten von einem Anstieg von/an Todesraten während der Ferien (Van Luijtelaar 1997 zit. nach Van Heck und Vingerhoets 2007), ausgelöst durch Herzinfarkte und Schlaganfälle (Kop et al. 2003).

2.2 Erste Forschungen

Das LS-Syndrom wurde bereits 2002 in den Niederlanden von Prof. Dr. Vingerhoets, Experte für Emotionen, Stress und Lebensqualität und spezialisiert auf Stress und Freizeit, untersucht. Er fand heraus, dass 3,2 % der niederländischen Männer und 2,7 % der niederländischen Frauen vom LS-Syndrom betroffen waren. Diese Zahlen scheinen erst einmal sehr gering, aber eine noch unveröffentlichte Studien der Internationalen Hochschule Bad Honnef Bonn (Etzkorn 2010) zeigt, dass in Deutschland bereits um die 50 % der Bevölkerung vom LS-Syndrom betroffen sind.

2.3 Das LS-Syndrom in Deutschland?

Die genannte Studie der Internationalen Fachhochschule Bad Honnef-Bonn zeigt, dass ein Großteil der Deutschen von dem LS-Syndrom betroffen ist. Es gaben 55,9 % (582 von 1041) der Befragten an, dass sie von dem LS-Syndrom betroffen seien. Ergebnisse zeigten, dass etwa 45 % der Betroffenen Männer und etwa 55 % der Betroffenen Frauen sind (Etzkorn 2010).

2.4 Wochenend- vs. Freizeit-Syndrom

Das LS-Syndrom wird meist in zwei Kategorien aufgeteilt. Das Wochenend-Syndrom und das Freizeit-Syndrom. Manche Betroffene leiden unter beiden Zuständen, andere sind „nur" von einer Sparte betroffen.

Die Wochenend-Symptome treten meist einen Tag nach dem letzten Arbeitstag auf, z. B. samstags. Vingerhoets Studie zeigte, dass die 85,5 % der Betroffenen wiederkehrend ähnliche Krankheitssymptome haben. Über 65 % der Studienteilnehmer gaben an, am Wochenende wie auch in ihren Ferien von dem LS-Syndrom betroffen zu sein. Diese fallen also in beide Kategorien. Auftretende Symptome im Urlaub schlossen dabei zusätzlich Fieber und erkältungsähnliche Symptome wie auch normale Erkältungen ein. Meistens zeigen sich diese Krankheitssymptome innerhalb der ersten Woche, wobei eine vermehrte Häufigkeit ebenfalls in den ersten Tagen des Urlaubs auftritt (Vingerhoets et al. 2002). Die am häufigsten auftretenden Wochenend- und Ferien-Symptome zeigt die Abb. 2.1.

2.5 Das leidige Thema Migräne

Gerade das Thema Migräne ist in der Fachwelt heiß umstritten. Es gibt Forschungsergebnisse, so unter anderem von Davies und Kollegen aus dem Jahr 1992 (zit. nach Van Heck und Vingerhoets 2007), die angeben, dass Migräneattacken vermehrt am Wochenende auftreten und dass die Erholungsphase nach einem stressigen Tag sogar Migräne auslösen kann. So kann gerade der Versuch, sich nach Stressphasen zu entspannen, die Migräneattacke erst auslösen (Nattero et al. 1989). Neuere Studien von Alstadhaug et al. (2007, zit.

Die am häufigsten auftretenden Wochenend-Symptome in Prozent			
Symptome	Männer	Frauen	Total
Kopfschmerzen/Migräne	71.8	64.7	67.7
Müdigkeit	20.5	45.1	34.4
Generelle Schmerzen	12.8	33.3	24.4
Energiemangel	17.9	17.6	17.8
Übelkeit	15.4	19.6	17.8
Rückenprobleme	15.3	7.8	11.1
Brechen/Unwohlsein	12.8	9.8	11.1
Die am häufigsten auftretenden Ferien-Symptome in Prozent			
Symptome	Männer	Frauen	Total
Kopfschmerzen/Migräne	60.7	51.6	54.4
Grippe ähnliche Symptome/Erkältungen	46.4	50	48.9
Müdigkeit	17.9	32.3	27.8
Muskelschmerzen	28.6	25.8	26.7
Übelkeit	14.3	22.6	20.0
Energiemangel	25.0	12.9	16.7
Generelle Schmerzen	3.6	19.4	14.4

Abb. 2.1 Wochenend- und Ferien-Symptome basierend auf der Studie von Vingerhoets et al., aus dem Jahr 2002, S. 313

nach Van Heck und Vingerhoets 2007) zeigen dagegen, dass Migräneattacken fast gleichermaßen während der Woche auftraten und sonntags ihren Tiefpunkt erreichen. Demnach schlagen Alstadhaug et al. (2007) vor, dass freie Tage gegen Migräneattacken schützen und diese nicht hervorrufen. Die Resultate, dass Migräneattacken gleichermaßen auf die Woche verteilt auftreten und einen „*(Migräne)-Sonntags-Tiefpunkt*" aufzeigen, beschreiben also genau das Gegenteil von den bisherig geglaubten Mustern und sind Grund vieler fachmännischer Debatten.

2.6 Thema Herzinfarkt

Wussten Sie eigentlich, dass der Herzinfarkt der Hauptgrund ist, warum Menschen in den Ferien sterben? Besonders in den Morgenstunden ist das Risiko besonders hoch. So wird heute angenommen, dass bestimmte Urlaubselemente akute körperliche und emotionale Trigger für Herzinfarkte sein können, so z. B. sportliche Aktivitäten, Alkoholkonsum, Essgewohnheiten, Sex oder mentaler Stress. So ist es auch nicht verwunderlich, dass die Zahl der Herzinfarkte um Weihnachten, verglichen mit vorangehenden Wochen, stark steigt. Denken Sie nur mal an die Massen von Weihnachtsessen, Wein und Familiengesprächen, die an den Weihnachtstagen stattfinden. Nicht immer herrscht dann Friede, Freude, Eierkuchen. Weihnachten kann recht stressig sein.

Eine weitere Studie mit jungen Männern zeigte auch, dass Herzinfarkte vermehrt am Wochenende und nicht während der Woche auftreten (Marques-Vidal et al. 2001).

2.7 Thema Schlaganfall

Ähnliche Resultate wurden für Schlaganfälle gefunden. Diese traten ebenfalls vermehrt an den Wochenenden und in den Ferien auf. Und nicht überraschend wurden auch hier Zusammenhänge zwischen dem Lebensstil und dessen Trigger und den Schlaganfällen vermutet. Wichtig ist, dass hierbei zwischen Frauen und Männern unterschieden wird. Frauen, verglichen mit Männern zeigten vermehrt Schlaganfälle an Wochenenden und Ferien auf.

Eine Erklärung hierfür ist, dass Frauen im Gegensatz zu Männern während der Woche oftmals sitzenden Tätigkeiten nachgehen. Allerdings werden Frauen am Wochenende und in den Ferien aktiver und begünstigen somit einen Schlaganfall. Männern wird nachgesagt, einen konstanteren Lebensstil zu haben (Haapaniemi et al. 1996). Eine weitere Erklärung ist die Kombination zwischen sportlichen Aktivitäten und Alkoholkonsum, was wohl in Verbindung mit arteriellem Trauma und Schlaganfälle steht.

Männer und Frauen zeigen ebenfalls unterschiedliche Risikozeiten auf. Frauen hatten vermehrt Schlaganfälle während der Ferien, wobei Männer Schlaganfälle zusätzlich während des Wochenendes aufweisen.

Literatur

Etzkorn, M. (2010). *Leisure sickness: A study on the related literature, prevelance and phenomology of the health problem.*

Fiedler, A. (2013). Warum liegen wir häufig im Urlaub flach? http://www.berliner-kurier.de/gesund---fit/-freizeitkrankheit-warum-wird-man-im-urlaub-krank,9604802,23719022.html. Zugegriffen: 27. Feb. 2015.

Haapaniemi, H., Hillbom, M., & Juvela, S. (1996). Weekend and holiday increase in the onset of Ischemic stroke in young women. *Stroke, 27,* 1023–1027.

Kop, W. J., Vingerhoets, A. J. J. M., Kruithof, G. J., & Gottdiener, J. S. (2003). Risk factors for myocardial infarction during vacation travel. *Psychosomatic Medicine, 65,* 396–401.

Marques-Vidal, P., Arveiler, D., Amouyel, P., Ducimetière, P., & Ferriéres, J. (2001). Myocardial infarction rates are higher on weekends than on weekdays in middle aged French men. *Heart, 86,* 341–342.

Nattero, G., De Lorenzo, C. A., Viale, L., Allais, G., Torre, E., & Ancona, M. (1989). Psychological aspects of weekend sufferers in comparison with migraine patients. *Headache, 29,* 93–99.

Van Heck, G. L., & Vingerhoets, J. J. M. (2007). Leisure sickness: A biopsychosocial perspective. *Psychological Topics, 16*(2), 187–200.

Vingerhoets, J. J. M., Van Huijgevoort, M., & Van Heck, G. L. (2002). Leisure sickness: A pilot study on its prevalence, phenomenology, and background. *Psychotherapy and Psychosomatics, 71,* 311–317.

3 Der Beginn des LS-Syndroms

3.1 Eine kurze Einführung in die Entstehung des LS-Syndroms

Durchschnittlich beginnen die ersten Krankheitssymptome des LS-Syndroms mit 27 (26, 7) Jahren und werden mit einer emotional stark belastenden Situation oder stressigen Lebensumständen assoziiert. Oftmals sind es Jobveränderungen oder Beziehungsprobleme (Vingerhoets et al. 2002). Das LS-Syndrom wird als ein chronisch-periodischer und sporadischer Zustand angesehen. Es wird vermutet, dass es in Verbindung mit der Art und Weise steht, wie Betroffene ihre Arbeit wahrnehmen bzw. wie ausgeprägt ihr Verantwortungs- und Pflichtgefühl bzw. Pflichtbewusstsein gegenüber ihres meist ersten Jobs ist.

Ein Faktum, das jedoch sehr aussagekräftig ist, besteht in der Tatsache, dass es einen markanten Unterschied zwischen LS-Betroffenen und nicht Betroffenen gibt. Es ist die Fähigkeit beziehungsweise die Unfähigkeit mit ihrem selbstbeschriebenen Arbeitsstress umzugehen. Oder vereinfacht ausgedrückt: diese Personen können nicht entspannen.

3.2 Gründe und Erklärungsversuche des LS-Syndroms

Eine genaue Ursprungserklärung für das LS-Syndrom gibt es bislang nicht. Allerdings wurden einige mögliche Gründe von Fachleuten diskutiert, welche sich generell auf Faktoren aus der „Nicht-Arbeits-Welt" beziehungsweise auf die „Home-Situation" beziehen. Diese Faktoren tragen oftmals dazu bei, dass

Betroffene Beschwerden erleben. Oftmals haben viele Betroffene Probleme beim Übergang von Arbeit zur Freizeit und können einfach nicht abschalten.

Generell lässt sich das LS-Syndrom mit den folgenden Situationen in Verbindung bringen:

- **Bedingungen aus der „Nicht-Arbeits-Umgebung/Home-Situation", welche das individuelle Erleben von Krankheitssymptomen hervorrufen und begünstigen können.**
- Spezifische physiologische Probleme, provoziert in der Übergangszeit von Arbeit zu Freizeit.
- Gesundheitliche Probleme aufzuschieben.
- Bestimmte Persönlichkeitseigenschaften, welche das Individuum besonders empfänglich für das LS-Syndrom machen.

Vingerhoets hat verschiedene Erklärungsansätze für das LS- Syndrom:

- **Der „Lebensstil-Unterschied in Frei- vs. Arbeitszeit"**

Tiefreichende Veränderungen des Lebensstils in Bezug auf den Übergang von Arbeit zu Freizeit, wie z. B.: Koffein- und Alkoholkonsum und Schlafgewohnheiten.

Bei den meisten Menschen besteht ein relativ großer Unterschied im Lebensstil vom Arbeitsalltag zum Wochenende und zu den Ferien. Oftmals schlafen wir am Wochenende oder in den Ferien einige Stunden länger oder weniger, verglichen zu den restlichen Wochentagen. Auch trinken die Menschen mehr oder weniger Kaffee und Alkohol. Eine ganz klare Verhaltensveränderung des Lebensrhythmus zwischen Arbeitstag und Freitag ist erkennbar.

- **„Die Stresslevel-Abwesenheits-Schwächung"**

Die Abwesenheit eines (hohen) Stresslevels kann zu einer Schwächung des Immunsystems führen.

Schon 1980 machte Frankenhaeuser darauf aufmerksam, dass körperliche Prozesse eine Kernrolle in der Entwicklung von Gesundheitsproblemen spielen können (zit. nach Van Heck und Vingerhoets 2007).

Frankenhaeuser (1980) zitierte Elgerots Studien, die zeigten, dass die Adrenalinproduktion bei Mitarbeitern mit einer hohen Arbeitsbelastung nicht nur während der Arbeitsstunden und des Arbeitsalltags erhöht war, sondern auch in der Zeit nach der Arbeit. Vingerhoets et al. Studie (1996) zeigt ähnliche Resultate; Menschen mit vielen, eher vagen Beschwerden, unterschieden sich in ihrer Adrenalinproduktion von gesunden Kontrollgruppen. Eine interessante Entdeckung bei den Studien von Vingerhoets war, dass diese

Adrenalinproduktionsunterschiede sich nicht etwa beim Schauen eines stressigen Filmes (zit. nach Van Heck und Vingerhoets 2007), sondern nachts beobachtet wurden. Also in der Zeit, in der der Körper normalerweise eine Ruhepause einlegt, sich erholt und ein Genesungsprozess einsetzt. Allerdings läuft unser Motor-Körper ununterbrochen: Neue Energie wird konstant produziert. Von unserem körperlichen Standpunkt besteht aber eigentlich gar keine Notwendigkeit. Zusätzlich wurde schon mehrfach gezeigt, dass akuter Stress eine förderliche Auswirkung auf einige Immunfunktionen hat. Aus diesen Theorien und Erfahrungen könnte man also ableiten, dass akute Immun-Gesundheitsprobleme unterdrückt werden, bis der Stressor/Stressfaktor wieder verschwindet.

- **Probleme in dem „Power-zu-Ruhe-Übergang"**
Psychophysiologische Probleme, ausgelöst durch den Übergang von Alltagsstress zu Freizeit und Ruhepausen

Wie in Van Heck's und Vingerhoets' Studie (2007) beschrieben, kann der Übergang von Arbeit zu Freizeit zu schnell sein und dieser ungünstige „Power-zu-Ruhe-Übergang" kann negative Auswirkungen auf die Gesundheit haben (McEwen und Stellar 1993, cited in Van Heck und Vingerhoets 2007). Allgemein kann man sagen, dass mit einer großen Arbeitsbelastung ebenfalls eine Last für unsere Körperfunktionen mit einhergeht, welche ebenfalls zuständig für die Erhaltung unserer internen physischen Balance sind (Sterling und Eyer 1988, zit. nach Van Heck und Vingerhoets 2007). Wenn nun also ganz plötzlich die von außen einwirkende Belastung wegfällt – was ja der Fall ist, wenn wir von jetzt auf gleich aufhören zu arbeiten und uns entspannen wollen – dann fehlt dem Körper der rechtzeitige Gegendruck. Dies kann in eine körperliche Unausgeglichenheit führen, begleitet von einer erhöhten Anfälligkeit für Krankheiten.

- **„Der Sekundäre-Krankheits-Imagegewinn"**
Eine höhere Aufmerksamkeit des Sozialen Umfeldes im Falle des Auftretens der Symptome

Eine andere Theorie zur Erklärung des LS-Syndroms ist, dass wir eventuell eine Belohnung für unser Kranksein erhalten. Wenn jemand krank ist, wird von dieser Person nicht mehr erwartet, dass sie in Freizeitaktivitäten teilnimmt. Demnach werden nicht nur negative Erfahrungen und Verpflichtungen umgangen, sondern meistens hat es auch einen positiven Begleiter, nämlich Aufmerksamkeit. Oftmals hat diese positive Verstärkung aus der Umwelt den Effekt, dass genau dieses Verhalten in Zukunft wiederholt auftritt.

- **„Die Symptomsensibilisierung"**
Eine Sensibilisierung auf die Symptome aufgrund der Reduzierung von Arbeit.
Wenn wir uns nicht mehr im Alltagsstress befinden, nehmen wir wahrscheinlich erst bestimmte Krankheitssymptome wahr.

Das Pennebaker „*Symptom-Wahrnehmungs-Modell*" (erfunden) nimmt an, dass ein andauernder Wettkampf zwischen unseren internen Körpersignalen und externen Umweltstimulationen stattfindet (1994, 2000, zit. nach Van Heck und Vingerhoets 2007). Hierbei wird vermutet, dass interne Körpersignale bewusster wahrgenommen werden, wenn sie sehr stark sind und die konkurrierenden externen Impulse wie der Arbeitsdruck eher gering sind. Diese Theorie würde erklären, warum sehr beschäftigte Menschen erst in ihrer Freizeit auf ihre körperlichen Empfindungen aufmerksam werden. Abseits des Arbeitsumfelds ist es für die internen Körpersignale einfacher, mit den externen Impulsen zu konkurrieren und Aufmerksamkeit zu erlangen und ganz massiv auf sich aufmerksam zu machen.

Krankheitssymptome und negative Emotionen scheinen wieder zu verschwinden, sobald wir erneut mit den Sorgen und dem Druck der Arbeitswelt in Kontakt kommen. Wichtig aber, dieser Erklärungsansatz beinhaltet nicht den Fall, dass Menschen faktisch vermehrt krank werden in ihrer Freizeit. Es ist vielmehr eine Frage der Symptomaufmerksamkeit und des Symptombewusstseins und dessen individuellem Erleben. Fachkräfte und Experten sprechen hier von einer Verschiebung des Aufmerksamkeitsfokus. Das Pennebaker-Modell ist besonders geeignet um relativ leichte körperliche Empfindungen wie Müdigkeit und generelle Schmerzen zu erklären. Grippale Symptome, Fieber oder schwere Migräne-Attacken können mit diesem Modell allerdings nicht erklärt werden.

- **„Der-bessere-Krankheitszeitpunk-Finder"**
Ein Aufschub der Krankheit: Krankheiten unbewusst auf einen „besseren" Zeitpunkt verschieben wie z. B. Freizeit.
Einige Studien zeigen, dass manche Menschen, ihren Tod auf einen für sie passenderen Zeitpunkt verschieben können (Idler und Kasl 1992; Phillips und Smith 1990, zit. nach Van Heck und Vingerhoets 2007), wie z. B. nach der Geburt eines Enkels, nach einem wichtigen Event oder einem ihnen wichtigen Feiertag (Anson und Anson 2001), wie z. B. Weihnachten (Marriott und Harshbarger 1973).

So haben einige todkranke Personen einen gewissen Grad an Kontrolle über den genauen Zeitpunkt ihres Todes und können diesen gegebenenfalls herauszögern.

> **Peter Buchenau**
> Diesen Zustand habe ich selbst miterlebt. Meine Großmutter erkrankte mit 60 Jahren schwer. Sie hatte aber einen Wunsch. Sie sagte immer: „Junge, ich möchte 80 Jahre alt werden". Zwanzig Jahre quälte sie sich aus meinen Augen. Nur wenige Tage nach ihrem achtzigsten Geburtstag, schlief sie für immer friedlich ein. Demnach ist die Überlegung nicht fern, dass Menschen eventuell in der Lage sind, den Zeitpunkt der Entwicklung von Gesundheitsproblemen zu beeinflussen. Eine ältere Studie (Phillips und Feldman 1973, zit. nach Van Heck und Vingerhoets 2007) zeigte, dass dieses Phänomen meist bei Personen vorkommt, die ihre Arbeit als sehr wichtig wahrnehmen oder die davon ausgehen, sie seien unersetzbar in ihrem Job. Bei meiner Großmutter war es mit Sicherheit nicht die Arbeit, aber sie dachte – speziell die Kriegsgeneration – sie war unersetzbar und muss ihre Familie beschützen.

- **Der Ich-Faktor *Persönlichkeit***

Vingerhoets et al. (2002) vermuten sehr stark, dass einige Persönlichkeitseigenschaften mit dem LS-Syndrom in Verbindung stehen. Oftmals genannt werden hier die Ausprägungen des Arbeitsengagements und des Pflichtbewusstseins einer Person und deren Verbindung zu ihrem individuellen Wohlergehen (Riipinen 1997). Es ist noch nicht geklärt, wie dieser Zusammenhang genau ausschaut und was ihn im Detail ausmacht. Besonders Perfektionisten mit einem hohen Arbeitspensum oder einer hohen Arbeitsbelastung, einem hohen Arbeitsengagement und einem starken, eventuell überentwickelten Verantwortungs- und Verpflichtungsgefühl gegenüber ihrer Arbeit, scheinen ein hohes Risiko aufzuweisen, von dem LS-Syndrom betroffen zu sein (Vingerhoets et al. 2002).

Der Persönlichkeitsfaktor spielt mit ein, wie Menschen den Übergang von Arbeit zu Freizeit empfinden und gestalten Teilweise kann die Schwierigkeit, von Arbeit zu Freizeit umzuschalten auch auf Persönlichkeitseigenschaften zurückgeführt werden. Es ist denkbar, dass hier ein direkter Zusammenhang besteht. Durch eine geringe Flexibilität in unserem Übergang von Arbeit zu Freizeit kann es passieren, dass wir selbst nach der Arbeit noch mit verschiedensten Arbeitsaufgaben beschäftigt sind. Diese Situation führt mit hoher Wahrscheinlichkeit zu einem Übermaß an Stress.

Diese Aussage geht auf die Verschiebung des Arbeitsumfeldes zurück. Wurde früher meist körperlich gearbeitet, dann war am Feierabend auch für den Körper Schluss. Heute hat sich die Arbeit in den meisten Arbeitsfeldern vom körperlichen ins geistige verschoben. Unser Gehirn ist demnach permanent „on". Das heißt, wir denken immer, überall und ohne Pause.

Die Persönlichkeit eines Menschen kann allerdings auch indirekte Auswirkungen auf einen problematischen Übergang von Arbeit zu Freizeit haben." Ein Beispiel der Perfektionisten: sie haben einen hohen Standard und streben Erfolg und hohe Leistungen an. Dies macht sie allerdings vermehrt für Gesundheitsprobleme verwundbar – besonders in ihrer Freizeit, da dort die „Gegenkraft" auf einmal verschwindet.

Viele Studien zeigen, dass Perfektionismus negative Aspekte mit sich bringt, unter anderem Erschöpfung und Abgeschlagenheit am Arbeitsplatz (Mitchelson und Burns 1998, zit. nach Van Heck und Vingerhoets 2007).

Unsere Recherche zeigt, dass Menschen mit einem starken Wunsch nach Kontrolle den Übergang von Arbeit zu Freizeit als problematisch erleben. Freizeit ist oftmals strukturloser und bietet somit weniger Möglichkeiten für die Ausübung von Kontrolle. Der Job dieser Personen hingegen ist meist stark strukturiert und genau dieses bietet die Möglichkeit der Kontrollausübung (Suls und Rittenhouse 1990, zit. nach Van Heck und Vingerhoets 2007). In diesem Fall ist es naheliegend, dass sich Betroffene speziell am Wochenende und in den Ferien besonders ruhelos fühlen und dies zu Anspannung anstatt Entspannung führt.

3.2.1 Wird die Freizeit geschätzt?

Ein Gedanke, den wir Ihnen nicht vorenthalten möchten, ist, dass Menschen ihre Freizeitaktivitäten eventuell gering schätzen. So besteht die Möglichkeit, dass LS-Betroffene die Aktivitäten, die ihre Wochenenden und Ferien ausfüllen, nicht genießen oder nicht genießen können. Erleben sie diese Aktivitäten vielleicht als anstrengend? Ja, für manche Menschen ist Entspannung und Erholung außerordentlich anstrengend. Diese Tage haben meistens einen anderen Rhythmus als die Tage in einer normalen Arbeitswoche. Oftmals sind diese Tage unstrukturiert und man „muss" Zeit mit Freunden und der Familie verbringen. Familienbesuche, einen Kurztrip, Erledigen des Haushaltskrams, Reparatur des Autos, Schulaufführungen der Kinder usw. – Ihnen fallen sicherlich noch mehr Gründe ein, die Ihnen keinen Spaß machen und die Sie unter Umständen stressen.

Wenn diese Aktivitäten als sehr verpflichtend wahrgenommen werden, ist die Möglichkeit hoch, dass diese Stress verursachen. Dieser Umstand kann dann wiederum in gesundheitliche Beschwerden übergehen.

Es kann sein, dass es diesen Menschen schwerfällt, nicht mit ihrer Arbeit involviert zu sein bzw. nicht darüber nachdenken zu können. Van Heck und Vingerhoets (2007) zitieren in ihrer Studie, Burwell und Chen (2002), die nahelegen, dass Betroffene Schuldgefühle haben, weil sie eine Auszeit von ihrer Arbeit nehmen, was dann wiederum Stress verursachen und zu gesundheitlichen Beschwerden führen kann. Diese Art von Stresserfahrung kann besonders deutlich bei Personen mit einer hohen Arbeitsverantwortung und einem hohem Arbeitsengagement beobachtet werden.

3.2.2 Ein etwas neuerer Erklärungsversuch

Eine etwas neuere Erklärung für das LS-Syndroms, die in Van Heck und Vingerhoets (2007) Studie angesprochen wurde, ist das „Underload Syndrome". Dies ist die Annahme, dass eine geringe geistige Stimulation bzw. psychische Herausforderung während der Freizeit eine negative Auswirkung auf manche Personen hat. Dieses betrifft meist den extrovertierten Typ. Im Volksmund wird es so verstanden, dass eine Person zu wenig Input bekommt: Privat oder im Job und deswegen krank werden kann, frei nach dem Motto: Ich „langweile mich zu Tode".

Laut Dyer-Smith (zit. nach Van Heck und Vingerhoets 2007) bezieht sich das „Underload Syndrome" auf die Abnahme bestimmter Hormone wie z. B. Endorphine und auf den anschließenden Rückgang des Grundumsatzes dieser Hormone. Folgen sind oftmals geringere Energie, ein „träges" Immunsystem und eine höhere Anfälligkeit für Infektionen. Langeweile kann so also die gleichen Auswirkungen auf unseren Körper haben wie Stress. Demnach können Menschen, die normalerweise stark beschäftigt sind, krank werden, wenn sie nicht genug zu tun haben, da Langeweile ihre Stresshormone in die Höhe schnellen lässt.

> **Fazit**
> Sie sehen, es ist noch nicht eindeutig geklärt, welche genaue Rolle unsere Persönlichkeit in Bezug auf das LS-Syndrom spielt und in welchem Maß diese Faktoren das LS-Syndrom beeinflussen. Wissenschaftler forschen intensiv an einer Klärung und wir hoffen, Ihnen in einer Folgeausgabe dieses Buches, weitere Ergebnisse präsentieren zu können.

Wenn wir über Persönlichkeit sprechen, bietet es sich an, auch über die individuell genutzten Coping-Strategien zu sprechen. Wenn wir uns überwältigt fühlen und mit Situationen nicht mehr umgehen können, erleben wir negativen Stress. Effektive Coping-Strategien können diesen empfundenen negativen Stress reduzieren. Das macht die Coping-Strategien so wertvoll. Coping-Strategien sind also kognitive und Verhaltens-Bemühungen, um spezifische externe und interne Anforderungen zu managen. Diese Strategien werden genutzt, wenn Anforderungen unsere Ressourcen übersteigen und wir mit einer Situation nicht mehr umgehen können. Demnach steht die Anwendung von Coping-Strategien in Zusammenhang mit der Stärke von Stressempfindung. Es ist wichtig hervorzuheben, dass Stress eine individuelle Wahrnehmung ist. Nicht jeden Menschen stresst die gleiche Situation gleich negativ. Nehmen wir zum Beispiel ein Zehn-Kilometer Lauf. Einem Sportler macht dieser Lauf Spaß. Bei diesem Sportler sind wenn überhaupt Stresshormone produziert werden, diese positiv beeinflusst. Einem fettleibigen Menschen allerdings einen Zehn-Kilometer-Lauf aufzubürden, würde bei diesem wahrscheinlich in massivem negativen Stress enden. Sie sehen, beide haben die gleiche Aufgabe, aber die Wahrnehmung ist sehr unterschiedlich.

3.2.3 Der Spezialfall Wochenendmigräne und dessen Gründe

Speziell das Thema Migräne hat viele „eigene" Erklärungsansätze. Diese können mit dem LS-Syndrom in Zusammenhang gesehen werden, aber auch für sich stehen. Eine Ansicht der Dinge ist, dass die sogenannte „Wochenendmigräne" oder der „Entspannungskopfschmerz" dann ausbrechen, wenn die Person runterfährt. Eine andere Meinung ist, dass der Wegfall von Stress kombiniert mit der Unfähigkeit sich auf die „Nicht-Arbeits-Situation" einzustellen, der Hauptgrund für die Wochenendmigräne ist. Wo sich viele Wissenschaftler einig sind ist, dass Migräne mit Stresserleben zusammenhängt und eine langanhaltende Stressphase oftmals für die darauffolgende Migräneattacke verantwortlich ist. Diese emotionale Anspannung ist mit vaskulärer Spannung verbunden. Oftmals ging der Anfang dieses Kopfschmerzes mit einer stark emotionalen Lebensphase einher.

Literatur

Anson, J., & Anson, O. (2001). Death rests a while: Holy day and Sabbath effects on Jewish mortality in Israel. *Social Science & Medicine, 52,* 83–97.
Idler, E. L., & Kasl, S. V. (1992). Religion, disability, depression, and the timing of death. *American Journal of Sociology, 97,* 1052–1079.

Marriott, C., & Harshbarger, D. (1973). The hollow holiday: Christmas, a time of death in Appalachia. *Omega Journal of Death and Dying, 4,* 259–266.

Riipinen, M. (1997). The relationship between job involvement and well-being. *Journal of Psychology, 131*(1), 81–89.

Van Heck, G., & Vingerhoets, L. J. J. M. (2007). Leisure sickness: A biopsychosocial perspective. *Psychological Topics, 16*(2), 187–200.

Vingerhoets A. J., Van Huijgevoort, M., & Van Heck, G. L. (2002). Leisure sickness: A pilot study on its prevalence, phenomenology, and background. *Psychotherapy and Psychosomatics, 71,* 311–317.

www.medicinenet.com

4 Rahmenbedingungen des LS-Syndroms

Um das LS-Syndrom besser verstehen zu können, sind einige Rahmenbedingungen und einwirkende, wie auch angrenzende Felder zu erwähnen und zu erklären. So wollen wir Sie kurz in die Definition Überlastung, Stress und Burnout entführen.

4.1 Überlastet oder gar schon gestresst?

Modewort Stress …
Der Satz „Ich bin im Stress" ist anscheinend zum Statussymbol geworden, denn wer so viel zu tun hat, dass er gestresst ist, scheint eine gefragte und wichtige Persönlichkeit zu sein. Stars, Manager, Politiker gehen hier mit schlechtem Beispiel voran und brüsten sich in der Öffentlichkeit damit „gestresst zu sein". Stress scheint daher beliebt zu sein und ist immer eine willkommene Ausrede.

Es gehört heute zum guten Ton, keine Zeit zu haben, sonst könnte ja Ihr Gegenüber meinen, Sie täten nichts, seien faul, haben wahrscheinlich keine Arbeit oder seien ein Versager. Überprüfen Sie mal bei sich selbst oder in Ihrem unmittelbaren Freundeskreis die Wortwahl: Die Mutter hat Stress mit ihrer Tochter, die Nachbarn haben Stress wegen der neuen Garage, der Vater hat Stress, weil er die Winterreifen wechseln muss, der Arbeitsweg ist stressig, weil so viel Verkehr ist, der Sohn kann nicht zum Sport, weil die Hausaufgaben ihn stressen, der neue Hund stresst, weil die Tochter, für die der Hund bestimmt war, Stress mit ihrer besten Freundin hat – und dadurch keine Zeit.

Wir sind gespannt, wie viele banale Erlebnisse Sie in Ihrer Familie und in Ihrem Freundeskreis entdecken. Gewöhnen sich der Körper und Geist an diese Bagatellen, besteht die Gefahr, dass wirkliche Stress- und Burnout-Signale nicht mehr erkannt werden. Die Gefahr, in die Stress-Spirale zu geraten, steigt. Eine Studie des Schweizer Staatssekretariats für Wirtschaft aus dem Jahr 2000 untermauerte dies bereits damit, dass sich 82 % der Befragten gestresst fühlen, aber 70 % Ihren Stress im Griff haben. Entschuldigen Sie provokante Aussage: Dann haben Sie keinen Stress.

Überlastung ...
Es gibt viele Situationen von Überlastung. In der Medizin, Technik, Psyche, Sport, etc. hören und sehen wir jeden Tag Überlastungen. Es kann ein Boot sein, welches zu schwer beladen ist. Ebenso aber auch, dass jemand im Moment zu viel Arbeit, zu viele Aufgaben, zu viele Sorgen hat oder dass ein System oder ein Organ zu sehr beansprucht ist und nicht mehr richtig funktioniert. Beispiel kann das Internet, das Stromnetz oder das Telefonnetz sein, aber auch der Kreislauf oder das Herz.

Die Fachliteratur drückt es als „momentan über dem Limit" oder „kurzzeitig mehr als erlaubt" aus. Wichtig ist hier das Wörtchen „momentan". Jeder von uns Menschen ist so gebaut, dass er kurzzeitig über seine Grenzen hinausgehen kann. Jeder von Ihnen kennt das Gefühl, etwas Besonders geleistet zu haben. Sie fühlen sich wohl dabei und sind meist hinterher stolz auf das Geleistete. Sehen Sie Licht am Horizont und sind Sie sich bewusst, welche Tätigkeit Sie ausführen und zudem, wie lange Sie an einer Aufgabe zu arbeiten haben, dann spricht die Stressforschung von Überlastung und nicht von Stress. Also dann, wenn der Vorgang, die Tätigkeit oder die Aufgabe für Sie absehbar und kalkulierbar ist. Dieser Vorgang ist aber von Mensch zu Mensch unterschiedlich.

Zum Beispiel fühlt, wie schon im vorangegangen Kapitel, sich ein Marathonläufer nach 20 km überhaupt nicht überlastet, aber der übergewichtige Mensch, der Schwierigkeiten hat, zwei Stockwerke hochzusteigen, mit Sicherheit. Für ihn ist es keine Überlastung mehr, für ihn ist es Stress.

Stress ...
Es gibt unzählige Definitionen von Stress und leider ist eine Eindeutigkeit oder eine Norm bis heute nicht gegeben. Stress ist individuell, unberechenbar, nicht greifbar. Es gibt kein Allheilmittel dagegen, da jeder Mensch Stress anders empfindet und somit auch die Vorbeuge- und Behandlungsmaßnahmen unterschiedlich sind.

4.1 Überlastet oder gar schon gestresst?

Abb. 4.1 Mathematische Formel zur Definition von Stress. (Eigene Darstellung)

$$\text{Stress} = \frac{\text{Intensität / Dauer} \times \text{Anforderung}}{\text{Eigene Möglichkeiten} + \text{Unterstützung} + \text{ext. Hilfe} + \text{XYZ}}$$

Die Verwaltungsberufsgenossenschaft hat diesbezüglich auch eine eigene mathematische Formel aufgestellt Abb. 4.1.

Diese einfache Rechenformel zeigt: je mehr eigene Möglichkeiten Sie haben, je mehr Unterstützung Sie intern und extern bekommen und je mehr Faktoren Sie zur Stressbewältigung unter dem Bruchstrich einsetzen, desto geringer ist Ihr Stressfaktor.

Weiter gelten nachfolgende fünf Definitionen bezüglich Stress als richtungsweisend:

▶ *„Stress ist ein Zustand der Alarmbereitschaft des Organismus, der sich auf eine erhöhte Leistungsbereitschaft einstellt."*
(Hans Seyle, 1936; ein ungarisch-kanadischer Zoologe, gilt als der Vater der Stressforschung)

▶ *„Stress ist eine Belastung, Störung und Gefährdung des Organismus, die bei zu hoher Intensität eine Überforderung der psychischen und/oderphysischen Anpassungskapazität zur Folge hat."*
(Fredrik Fester, 1976)

▶ *„Stress gibt es nur, wenn Sie ‚Ja' sagen und ‚Nein' meinen."*
(Reinhard Sprenger, 2000)

▶ *„Stress wird verursacht, wenn du ‚hier' bist, aber ‚dort' sein willst, wenn du in der Gegenwart bist, aber in der Zukunft sein willst".*
(Eckhard Tolle, 2002)

▶ *„Stress ist heute die allgemeine Bezeichnung für körperliche und seelische Reaktionen auf äußere oder innere Reize, die wir Menschen als anregend oder belastend empfinden. Stress ist das Bestreben des Körpers, nach einem irritierenden Reiz so schnell wie möglich wieder ins Gleichgewicht zu kommen".*
(Schweizer Institut für Stressforschung, 2005)

Bei allen fünf Definitionen gilt es zu unterscheiden zwischen negativem Stress – ausgelöst durch im Geiste unmöglich zu lösende Situationen – und positivem Stress, welcher in Situationen entsteht, die subjektiv als lösbar wahrgenommen werden. Sobald Sie begreifen, dass Sie selbst über das Empfinden von freudvollem Stress (Eustress) und leidvollem Stress (Disstress) entscheiden, haben Sie Handlungsspielraum.

Beim positiven Stress wird eine schwierige Situation als positive Herausforderung gesehen, die es zu bewältigen gilt und die Sie sogar genießen können. Beim positiven Stress sind Sie hoch motiviert und konzentriert. Stress ist hier die Triebkraft zum Erfolg.

Beim negativen Stress befinden Sie sich in einer schwierigen Situation, die Sie noch mehr als völlig überfordert. Sie fühlen sich der Situation ausgeliefert, sind hilflos und es werden keine Handlungsmöglichkeiten oder Wege aus der Situation gesehen. Langfristig macht dieser negative Stress krank und endet oft im Burnout.

4.1.1 Freizeitstress

Wenn wir schon versuchen Stress zu definieren, dann darf der Freizeitstress nicht fehlen. Der Freizeitstress ist wahrscheinlich der Stress, den wir am einfachsten beeinflussen und beseitigen können. Wenn wir nur wollen. Nur wollen wir oder ist es nicht einfach chic, in der Freizeit gestresst zu sein? Was sollen denn unsere Freunde oder Bekannten sagen, wenn wir auf einmal keinen Freizeitstress sondern Zeit haben?

Zeit zu haben, gilt in vielen Begegnungen und Gesprächen als negativ. „Der hat Zeit, wahrscheinlich hat er einen einfachen oder leichten Job, wenn überhaupt", so die Meinung vieler Freunde und Bekannten. Dass man aber seine Zeit einfach sinnvoller und effektiver plant, fällt dabei nicht ins Gewicht. Zeit haben ist heute in der Gesellschaft einfach uncool. Sobald etwas Freizeit vorhanden ist, wird diese „freie Zeit" mit zeitintensiven Tätigkeiten ausgefüllt. So reicht es nicht nur, ein oder zweimal in der Woche neben der Arbeitszeit zusätzlich zum Sport zugehen, dann müssen noch Afterwork-Partys, Museumsbesuche, Verabredungen mit Freunden, Vorstandsämter in Vereinen und vieles mehr hinzu. Bis schlussendlich jeder Abend, selbst die Wochenenden verplant sind. Hat man dann noch Kinder, ist der Freizeitstress perfekt. Man(n) ist wichtig.

Das Kind muss während des Gymnasiums noch in die Fördergruppe beim Sport, denn es ist ja talentiert. Da das aber nicht reicht, kommt noch Musikunterricht hinzu. Die Eltern wollen ja stolz auf ihr Kind sein. Und wenn das Kind vor lauter Sportstress und Musikstunden in der Schule mit den Leistungen nachlässt, dann gibt's Nachhilfe. Am besten aber so geschickt versteckt, dass niemand etwas merkt.

Peter Buchenau
Dieses Phänomen erlebe ich leider in vielen meiner Coachings über Stressregulierung und interessanterweise von Klienten, die nicht mit sich selbst zufrieden und erfolgreich sind. Das Kind muss das Scheitern der Eltern kompensieren. Die Eltern helfen dabei kräftig mit und ja, der Apfel fällt nicht weit vom Stamm.

4.1.2 Burnout

Es gibt keine Zeitschrift oder keine Redaktion, die dieses Thema in den letzten drei Jahren nicht auf dem Schirm hatte. Glaubt man allen diesen Berichten, dürfte es in Deutschland keine psychisch gesunden Menschen mehr geben. War früher der Herzinfarkt das Maß für überragende Managerleistung, ist es heute der Burnout. Es gehört ja fast schon zum guten Ton, einen Burnout gehabt zu haben. Burnout ist gleich Anerkennung, da hat man(n)/frau ja was geleistet. Ich warte auf den Moment, wenn bei Einstellungsgesprächen die Personalchefs sagen: „Tut mir leid, aber wir können Sie leider nicht einstellen. Sie hatten ja noch keinen Burnout und wahrscheinlich haben Sie daher noch nichts geleistet."

Eigentlich tritt aber Burnout als letzte Stufe des negativen Stresses auf. Nun hilft keine Medizin und Prävention mehr; jetzt muss eine langfristige Auszeit unter professioneller Begleitung her. Ohne fremde Hilfe können Sie der Burnout-Spirale nicht entkommen. Die Wiedereingliederung eines Burnout-Klienten zurück in die Arbeitswelt ist sehr aufwändig. Meist gelingt das erst nach einem Jahr Auszeit, oft auch gar nicht.

Nach einer Studie der Freiburger Unternehmensgruppe Saaman aus dem Jahr 2007 haben 45 % von 10.000 befragten Managern Burnout- Symptome (zit. nach Buchenau 2014).

Das kostet ein Unternehmen einerseits WERTE in vielfacher Hinsicht, verursacht aber auf der anderen Seite auch erhebliche betriebliche Kosten. Was es den betroffenen Menschen kostet, lässt sich kaum in Worte fassen. Die Betroffenen isolieren sich nicht nur von ihren Vorgesetzten und Arbeitskollegen, sondern auch von ihrem sozialen Umfeld. Alles wächst ihnen über den Kopf, selbst ihre Freunde. Wo bleiben da die persönlichen Werte?

Christina Maslach, die wahrscheinlich weltweit führende Burnout-Forscherin, sagte wörtlich (Bastigkeit 2012):

> Die Gesellschaft sollte sich vor allem auf die Prävention konzentrieren und sich nicht erst mit dem Phänomen beschäftigen, wenn es bereits seine Opfer gefunden hat.
> Die Sabbatical- und Auszeitkultur ist nur beschränkt eine gute Präventionsstrategie. Denn wenn man zurückkehrt und die Arbeitsbedingungen, die einen ins Burnout getrieben haben, unverändert vorfindet, ist man wieder auf demselben Punkt wie vor dem Sabbatical bzw. der Auszeit.

Die gebräuchlichste Definition von Burnout stammt von Maslach & Jackson aus dem Jahr 1986:

▶ „Burnout ist ein Syndrom der emotionalen Erschöpfung, der Depersonalisation und der reduzierten persönlichen Leistung, das bei Individuen auftreten kann, die auf irgendeine Art mit Leuten arbeiten oder von Leuten beeinflusst werden".

Burnout entsteht nicht in Tagen oder Wochen. Burnout entwickelt sich über Monate bis hin zu mehreren Jahren. Dieses stufenweise und fortlaufend mit physischer, emotionaler und mentaler Erschöpfung. Dabei kann es immer wieder zu zwischenzeitlicher Besserung und Erholung kommen. Der fließende Übergang von der normalen Erschöpfung über den Stress zu den ersten Stadien des Burnouts wird oft nicht erkannt, sondern als „normale" Entwicklung akzeptiert. Reagiert der Betroffene in diesem Zustand nicht auf die Signale, die sein Körper ihm permanent mitteilt und ändert der Klient seine inneren oder äußeren Einfluss- und Stressfaktoren nicht, besteht die Gefahr einer sehr ernsten Erkrankung. Diese Signale können dauerhafte Niedergeschlagenheit, Ermüdung und Lustlosigkeit, aber auch Verspannungen und Kopfschmerzen sein.

Es kommt zu einer kreisförmigen, gegenseitigen Verstärkung der einzelnen Komponenten. Unterschiedliche Forschergruppen haben auf der Grundlage von Beobachtungen den Verlauf in typische Stufen unterteilt. Wollen Sie sich das alles antun? Spätestens ab dem achten Stadium (siehe Abb. 4.2) benötigen Sie dann fachmännische therapeutische Hilfe.

Leider ist Burnout in den meisten Firmen ein Tabuthema – die Dunkelziffer ist groß. Betroffene Arbeitnehmer und Führungskräfte schieben oft andere Begründungen für ihren Ausfall vor – aus Angst vor negativen Folgen, wie zum

4.1 Überlastet oder gar schon gestresst?

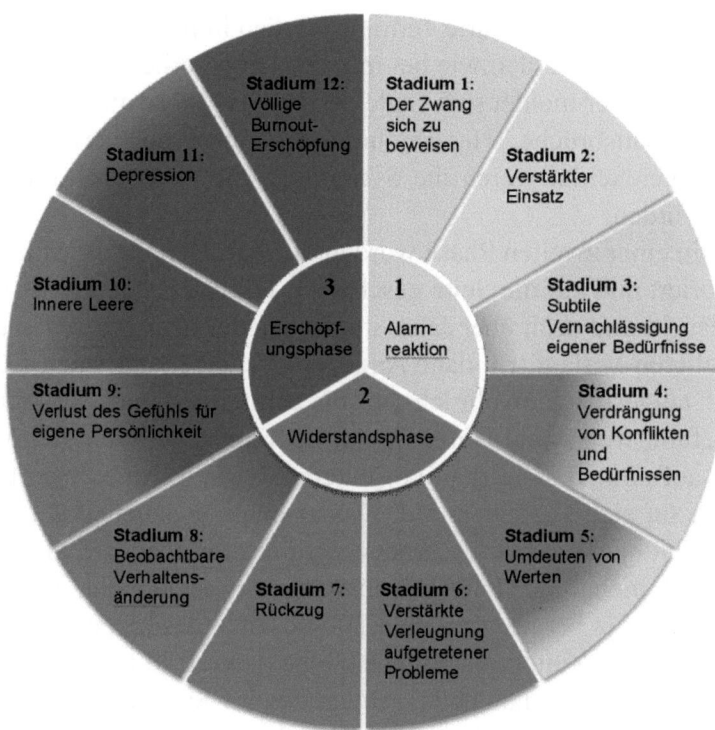

Abb. 4.2 Die typischen Stufen des Burnouts. (Eigene Darstellung)

Beispiel den Verlust des Arbeitsplatzes. Dieser wird gleichgesetzt mit dem Verlust von Anerkennung. Es muss ein Umdenken stattfinden!

Wen kann es treffen? Theoretisch sind alle Menschen gefährdet, die permanent leisten und nicht auf die Signale des Körpers achten. Vorwiegend trifft es einsatzbereite und engagierte Mitarbeiter, Führungskräfte und Selbstständige. Oft werden diese auch von Vorgesetzten geschätzt, von Kollegen bewundert, vielleicht auch beneidet.

Solchen Menschen sagen auch selten „Nein", deshalb wachsen die Aufgaben und es stapeln sich die Arbeiten. Dazu kommt oft, dass sich Partner, Freunde und Kinder über zu wenig Zeit und Aufmerksamkeit beklagen. Wie Sie „Nein sagen" erlernen, erfahren Sie später in diesem Buch.

Peter Buchenau

Aus eigener Erfahrung kann ich sagen, dass der Weg zum Burnout anfänglich mit kleinsten Hinweisen gepflastert ist, kaum merkbar, unauffällig, vernachlässigbar. Es bedarf einer hohen Achtsamkeit, um diese Signale des Körpers und der realisierenden Umwelt zu erkennen. Kleinigkeiten werden vergessen und vereinbarte Termine werden immer weniger eingehalten. Hobbys und Sport werden wie bei mir geschehen erheblich vernachlässigt. Auch mein Körper meldet sich Ende der 1990er- Jahre mit leisen Botschaften: Schweißausbrüche, Herzrhythmusstörungen, schwerfällige Atmung und unruhiger Schlaf waren die Symptome, die anfänglich nicht von mir beachtet wurden.

Selbst in einer zweiten Phase wurden diese Botschaften einfach schlichtweg ignoriert und auf die Seite geschoben. Ich habe stets immer neue Ausreden gesucht und auch über Jahre immer wieder neue Ausreden gefunden.

Im weiteren Verlauf tritt dann Angst vor Versagen auf, auch das wird als „normal" eingestuft, obwohl ich dies bis anhin nie kannte. Es ist ein komisches Gefühl, wenn man jahrelang auf dem aufsteigenden Weg unterwegs war und auf einmal steht man vor einem Abgrund. Eine unendliche Tiefe und Leere tut sich vor einem auf. Das ersehnte Wochenende oder gar der wohlverdiente Urlaub zum Ausruhen wird immer wieder verschoben. Man arbeitet noch mehr, noch länger denn man realisiert ja nicht, dass die eigene Arbeitsleistung ja bereits zwischen 20 und 40 % gesunken ist. Dabei ist es gerade in solchen Zeiten wichtig, sich eine Auszeit in Form von Urlaub zu nehmen. Und leider genau dann, schlägt das LS-Syndrom zu.

Meine Partnerin machte mich mehrmals auf den Sachverhalt Burnout aufmerksam, aber ich wollte ja nicht auf sie hören. Nach jedem gelösten Problem, jedem beendeten Projekt stand ja schon das nächste an.

Die Fehler häuften sich, die Auseinandersetzungen mit den Kollegen, Vorgesetzte und mit meiner Partnerin nahmen zu. Bis zum Kollaps und dann verliert man alles, was man lieb gewonnen hat. Die Arbeit, die Freunde und sogar die Partnerschaft. Man ist alleine.

4.1.3 Was macht Stress eigentlich mit unserem Körper?

Stellen Sie sich folgende Situation vor
Es ist ein schöner Tag. Sie sind auf einer Tour samt Führer im südafrikanischen Busch unterwegs, um die Tier- und Pflanzenwelt zu genießen. Die Sonne geht gerade blutrot am Horizont auf, der Nebel hängt tief im Dschungel und zieht wie von Künstlerhand gezogen traumhafte helle Linien durch das saftige Grün. Ein bezauberndes, tolles, farbenfrohes Ereignis. Sie bleiben stehen und fotografieren.

Überall um Sie herum zwitschern Vögel. Sie genießen den Augenblick und atmen tief durch. Das Foto ist gemacht, Sie drehen sich um und oh Schreck, der Führer ist weg! Sie rufen, aber keine Antwort. Langsam erkennen Sie: Sie haben sich auf der Safari verlaufen, tief im südafrikanischen Busch. Weit und breit kein Helfer in Sicht. Kein Handy, das funktioniert.

Plötzlich sehen Sie aus Ihren Augenwinkeln rechts eine Schlange.

Eine Alarmsituation tritt ein. Das Gehirn signalisiert Gefahr und schaltet in den *Fight-or-Flight-Modus*. Was tun? Stehenbleiben? Angreifen? Tot stellen? Oder weglaufen? Die Widerstandsphase beginnt. Der Hypothalamus, so eine Art Nachrichtenagentur in unserem Gehirn, steuert automatisch die Vorgänge im Körper und steht in enger Verbindung zum limbischen System. Das limbische System ist eine Funktionseinheit im Gehirn, die für die Verarbeitung von Emotionen und des Triebverhaltens zuständig ist. Bekannt auch unter dem Spitznamen „Reptiliengehirn", weil es die Grundlebensfunktionen Atmen, Hunger, Durst und Fortpflanzung steuert.

Automatisch wird eine Flut von Stresshormonen freigesetzt. Adrenalin und Noradrenalin mobilisieren blitzschnell Energie. Die Nebennierenrinde produziert das Stresshormon Cortisol. Das Herz rast, Ihr Körper schwitzt und das Blut schießt in Ihre Muskeln und in Ihr Gehirn. Sie drehen sich automatisch um und beginnen zu rennen. Nach einiger Zeit tritt die Erschöpfungsphase ein. Gerade in diesem Moment kommt Ihr Reiseführer und verscheucht die Schlange mit einem Stock. Glück gehabt! Sie bleiben stehen, beugen sich vor und holen erst mal wieder tief Luft. Geschafft! Die Anspannung löst sich, der Stress ist vorbei und die Erholungsphase tritt ein.

Stress, egal ob positiv oder negativ, ist eine ganz normale körperliche Reaktion auf eine Herausforderung, die wahrgenommen werden muss. Alle Sinnesorgane werden auf die Wahrnehmung weiterer Gefahrensituationen eingestellt. Stress beginnt also bei den Sinnesorganen. Diese Boten nehmen die Eindrücke auf, übermitteln sie an das limbische System (Reptiliengehirn) zur Weiterleitung an die zuständigen Bereiche im Gehirn, wo sie dann verarbeitet werden.

Bei Stress wird demnach der gesamte Körper einbezogen. Die Blutgefäße in Haut, Skelettmuskeln und Gehirn ziehen sich zusammen und die Gerinnungsfähigkeit des Blutes nimmt zu, die Durchblutung der Haut und der Verdauungsorgane wird gedrosselt, um den Körper bei Verletzungen vorm Verbluten zu schützen.

Haben Sie sich schon mal überlegt, warum Sie nach einem Messerschnitt in der Küche anfangen zu bluten und die Schmerzen erst beginnen, nachdem Sie den Schnitt gesehen haben? Die Pupillen erweitern und entspannen sich, um Weitsicht zu ermöglichen. Sie nehmen in diesem Moment mehr wahr. Erhöhtes Schwitzen tritt auf und die Bronchien erweitern sich. Das Herz schlägt schneller, die Herzrate steigert die Stärke der Kontraktion.

Es entsteht Gänsehaut und die Hautspannung steigt. Der Verdauungstrakt verringert die Muskeltätigkeit, die Nieren stimulieren die Adrenalinabgabe und erhöhen Blutzucker, Blutdruck und Herzrate. Die Leber schüttet Zucker in die Blutbahnen. Die Bauchspeicheldrüse sondert weniger Sekret ab und die Abgabe von Verdauungssäften nimmt ab. Der anale und der urinale Schließmuskel machen zu, die Blase entspannt sich.

Die Blutgefäße der äußeren Genitalien erweitern sich und die Muskulatur wird mit mehr Zucker versorgt. Die Muskeln spannen sich an und das Nervensystem wird in Unruhe versetzt.

Dieser gesamte Ablauf führt zu einer seelisch-körperlichen Reaktion, die das Ziel hat, die Herausforderung und Bedrohung zu meistern. Diese körperliche Reaktion auf Stress ist also sinnvoll.

Wenn aber der Mensch in ständiger Alarmbereitschaft steht und eine Entspannung oder Regeneration seiner psychischen Kräfte nicht möglich ist, wird der Stress zum Disstress und hat negative, Krankheit auslösende Wirkungen. Vergleichen Sie es mit dem Autofahren. Auch dort gibt es Gaspedal und Bremse. Um vorwärts zu kommen, können Sie nicht nur Gas geben. Sie werden auch mit dem Auto ab und zu bremsen müssen. Und genauso ist es mit dem positivem und negativem Stress, eben Gas geben und Bremsen.

Evolutionär gesehen sollte der Stresszustand nur für wenige Stunden als eine Art „Lebensversicherung" gelten und nicht für chronische, also lang andauernde Belastungen. Ist das aber der Fall, kann es zu körperlichen Stressreaktionen kommen, die die Gesundheit gefährden und zu Gesundheitsproblemen führen.

4.2 Der Übergang von Arbeit zu Freizeit

Der „Arbeit-zu-Freizeit-Konflikt" (Work-Life-Conflict: WLC) ist wie der Name schon sagt, ein Konflikt zwischen den beiden Lebensfeldern. Es entsteht ein Konflikt, wenn die Arbeitsrolle andere Lebensfelder dominiert oder die Person durch die Arbeitsanforderungen so erschöpft ist, dass sie einfach keine oder zu wenig Zeit und Energie hat und so keinen oder zu wenig Freizeitbeschäftigungen nachgeht. Es ist bekannt, dass dieser Konflikt Arbeits-Freizeit und generelle Lebenszufriedenheit senkt. Es ist naheliegend, dass Arbeitscharakteristika der Hauptgrund für den WLC sind, da Arbeit und Freizeit in Konkurrenz stehen. Beide beanspruchen Energie und Zeit. In diesem Falle ist es auch sehr wichtig, das Folgende mit in Betracht zu ziehen. Die Arbeits-Anforderung, -Kontrolle und -Unterstützung haben einen großen und direkten Einfluss auf den WLC. Wong und Lin (2007) schreiben, dass Arbeitskontrolle und Arbeitsunterstützung effektive Ressourcen sind, um sich den täglichen Arbeitsanforderungen und dem Stress anzupassen.

Ein ähnliches Konzept, welches hier mit hereinspielt, ist das Arbeits-Anforderungs-Kontrolle-Unterstützungs-Modell (Job-Demand-Control-Support: JDCS). Hierbei werden Arbeits-Anforderung, -Kontrolle und -Unterstützung als Elemente des Arbeitsumfeldes gesehen, welches sich auf die Arbeitsresultate wie z. B. Arbeitszufriedenheit, der emotionalen Erschöpfung (Burnout) und dem Wohlbefinden auswirken. Arbeitszufriedenheit ist ein positiv emotionaler Zustand, resultierend aus der Wertschätzung der jeweiligen Arbeitserfahrung. Dies kann sich auch auf die eigene Involvierung der Arbeit und das eigene Wohlbefinden beziehen. Ein hohes Maß an Zufriedenheit muss nicht zwingend ein hohes Maß an Jobinvolvierung bedeuten. Jobinvolvierung ist der Grad, zu dem sich jeder Einzelne von uns mit seinem derzeitigen Job identifiziert. In dem JDCS Modell werden die Quellen der Arbeitsbelastung als Arbeitscharakteristika gesehen, wobei das Arbeitspensum und die Zeitansprüche oftmals als Arbeitsbelastungen da stehen. Es wird ein geringes Wohlbefinden bei Mitarbeitern bemerkt, die

a. unter einem hohen Arbeitsanspruch stehen,
b. geringe Kontrolle in ihren Tätigkeiten haben und
c. geringe soziale Unterstützung von Kollegen oder Vorgesetzten erhalten.

Arbeitskontrolle und soziale Unterstützung sind bekannte Coping-Strategien, die die eigenen Ressourcenunterstützen und den Rollenkonflikt von Arbeit und Freizeit (WLC) verringern. Ressourcen sind wertvolle und geschätzte Objekte, persönliche Charakteristika oder Zustände wie Zeit, Kompetenzen oder Fähigkeiten. Auf diese wird in einem späterem Kapitel nochmal genauer eingegangen. Demnach dient Arbeitskontrolle wie ein „Stoßdämpfereffekt/ Puffer" für unsere Lebens- und Jobzufriedenheit wie auch auf unsere arbeitsbedingte Laune. Alles unter der Voraussetzung, dass wir unter einem hohen Arbeitsanspruch stehen. Zusätzlich wird angenommen, dass Arbeitskontrolle einen „Stoßdämpfereffekt/Puffer" in Bezug auf das Arbeitspensum hat und dies auch hier den WLC reduziert.

Genau aus diesen Gründen warnen viele Forscher davor, dass ein hoher Arbeitsanspruch kombiniert mit einer geringen Arbeitskontrolle die Gesundheit negativ beeinflusst. Die von dieser Situation wohl am häufigsten Betroffenen, sind Beschäftigte aus der Serviceindustrie. Sie weisen einen hohen WLC auf, da ihre Freizeit durch Schichtarbeit stark limitiert ist. Es wird darauf hingewiesen, dass Verantwortliche speziell in dieser Branche Arbeitsumfelder schaffen, um diesen Konflikt zu verringern/minimieren.

4.3 Erholung

Erholung als Gegensatz zum Stress ist eine Möglichkeit, um präventiv aufkommenden Stress vorzubeugen oder um akute oder chronische Stressoren zu meistern.

4.3.1 Erholungsarten

Eine etwas längere Pause während der Arbeit, einige Tage Zuhause, ein Wochenende oder lange Ferien sind mögliche Erholungsarten. Es gibt viele Beispiele und Wege um sich zu erholen.

Es ist bekannt, dass effektive Pausen während der Arbeitszeit die Produktivität steigern. Erholung bezüglich des Jobs beinhaltet immer eine Abwesenheit der Arbeit wie auch des Arbeitsdrucks. Generell lässt sich sagen, je positiver eine kurze „Job-Atempause" wahrgenommen wird, desto größer ist die Stressentlastung und somit die Erholung.

Erholung und Regeneration nach einem langen Arbeitstag werden besonders gut durch Aktivitäten mit geringer Anstrengung erreicht. Das kann einfach mal ein 30-minutiger Spaziergang am Abend sein.

Westman und Eden zeigten schon 1997, dass sich schon ein bis zwei Tage, die Zuhause verbracht werden, auf unseren Körper auswirken können. Einen Tag Zuhause zu verbringen und sich auszuruhen, ohne die obligatorischen Arbeitsaufgaben zeigen positive Auswirkungen. Unsere Recherche zeigt, dass neben einem geringerem Blutdruck, einem niedrigeren Puls und einer geringeren Ausschüttung der sogenannten Stresshormone wie z. B. Adrenalin auch subjektive positive Empfindungen mit einhergehen wie z. B. bessere Laune und weniger Müdigkeit. Verglichen mit den erholsamen Tagen Zuhause, haben Tage, die Zuhause verbracht werden und als stressig wahrgenommen/ empfunden werden, keinen Erholungseffekt.

An dieser Stelle haben wir einen interessanten Vergleich für Sie. Schauen wir uns Erholung nun einmal genauer an. Nach körperlich harter Arbeit reichen kurze „Verschnaufpausen". Kognitive und emotionale Belastungen hingegen sind sehr viel komplexer. Sich von dieser Art der Anstrengung zu erholen, hängt mit vielen Faktoren zusammen. Die Dauer und der Typ der Belastung sind wichtig, sowie Persönlichkeitsfaktoren, aber auch Bedingungen und Aktivitäten, die nach dem eigentlich stressigen Event passieren. Mit anderen Worten: wenn wir hart und lange arbeiten, viel nachdenken, unseren Kopf anstrengen und womöglich uns das Ganze auch noch emotional beeinflusst, reicht eine kurze Arbeitspause nicht aus, damit wir entspannen und danach wieder frisch an die Arbeit gehen können. Die Pause ist nicht lang oder effektiv genug um uns aus unserem „Arbeitstrott" heraus zu holen. Und als Gesundheitsprävention wirkt das Ganze leider auch nicht.

4.3.2 Erholung und Ferien

Erholung bezogen auf Ferien beinhaltet die Abwesenheit von Arbeitsbelastungen. Dies führt letztlich dazu, dass der Regenerationsprozess beginnt und die eigenen Ressourcen wieder aufgeladen werden können.

Hobfoll und Shirom (1993) beschreiben, dass Erholungsphasen, die zwischen Stressphasen integriert werden, uns erlauben, unsere Ressourcen wieder „geradezurücken und aufzufrischen" (zit. nach Westman und Eden 1997). Dazu trägt vor allem das soziale Umfeld bei. Auch ein gewisses Gefühl der Kontrolle und Beherrschung des eigenen Lebens bzw. der Geschehnisse im eigenen Leben begünstigt diese Erholung. Demnach ist es also nichts Neues, dass Ferien fundamental wichtig für uns sind, um uns zu erholen und uns emotional wieder aufzuladen.

Allgemein lässt sich sagen: Negativspiralen sollten unterbrochen werden und Gewinnspiralen (Positivspiralen) sollen erzeugt werden, da dies die beste Stress-Widerstand-Methode ist (Westman und Eden 1997).

Bringen Ferien allerdings jedermann diesen Erholungseffekt?

Unsere Recherche zeigt, dass Menschen mit einer hohen Arbeitsbelastung wohl einen größeren Nutzen aus ihren Ferien ziehen, weil sie einen größeren *Erholungseffekt* empfinden als Menschen, die keine stressige Zeit vor den Ferien erlebt haben. Hier stellt sich jedoch die Frage: Auch wenn wir freie Zeit zur Verfügung haben, nutzen wir diese zu unseren Gunsten? Füllen wir diese freie Zeit mit Aktivitäten, die unseren Wünschen entsprechen? Es ist ausschlaggebend, wie das Individuum Mensch seine freie Zeit wahrnimmt.

Empfinden wir ein Gefühl von Kontrolle über die Aktivitäten, die wir ausüben? Bestimmen wir wirklich selber die Struktur und die Abläufe unseres Urlaubs?

Wenn Sie diese Fragen mit „Ja" beantworten können, ist es sehr wahrscheinlich, dass Sie Ihre Ferien als erfüllend und erholsam empfinden und demnach auch einen guten Erholungseffekt erleben, denn allgemein kann man sagen: Positive Erholungseffekte werden dadurch erzielt, dass Personen ihre eigenen Wünsche und Bedürfnisse in der ihnen zur Verfügung stehenden Zeit erfüllen und demnach einen ganzheitlich zufriedenstellenden Urlaub erleben. Diejenigen unter uns, die äußerst zufrieden mit ihren Ferien und der darin verbrachten freien Zeit sind und erholt wieder nach Hause in den Alltag zurückkehren, waren laut Studien weniger anfällig für die negativen Einflüsse vom Job (Westman und Eden 1997) und zeigten eine wesentliche Verbesserung in ihrem Wohlbefinden auf (Strauss-Blasche et al. 2000).

4.3.3 Warum ist Urlaub so wichtig?

Die Auswirkung von Urlaub auf die Gesundheit wird immer mehr zum Diskussionsthema, da positive wie auch weniger positive Aspekte dokumentiert werden. Urlaub wird hier definiert als bezahlte Zeit, eine Distanz zur Arbeit, also eine arbeitsfreie Phase, die Tage bis hin zu Wochen andauert. Das primäre Motiv von Urlaub ist Erholung. Urlaubsforschung zeigt, dass Urlaub zwei Auswirkungen hat: kurzzeitige und langzeitige.

Kurzzeitige Auswirkung zeigt sich im momentanen Wohlbefinden, wohingegen die Langzeit-Auswirkungen sich in körperlichen Belangen widerspiegeln. Dazu später mehr. Generell sind die Auswirkungen des Urlaubs natürlich von dem Maße der Erholung abhängig.

Urlaub, Ruhepausen oder ähnliche Zustände wie z. B. Freizeit sind die bedeutendsten Faktoren, die psychische Gesundheit beeinflussen.

Eine Studie von Strauss-Blasche et al. aus dem Jahr 2000 zeigt, dass sich das individuelle Wohlbefinden zehn Tage vor bis drei Tage nach dem Urlaub verbessert. Drei Tage nach dem Urlaub haben sich körperliche Beschwerden, die Schlafqualität und die Laune verbessert, verglichen zu vor dem Urlaub.

4.3.3.1 Positive Auswirkungen

Urlaub gibt uns meistens die Möglichkeit, neue Bekanntschaften zu machen. Menschen, die neue Leute während ihres Urlaubs kennenlernen, haben oftmals ein erhöhtes Gefühl von Erholung. Dies wird dadurch erklärt, dass soziale Kontakte und deren Interaktionen dafür bekannt sind, die eigene Laune zu steigern. Wie schon im Kapitel „Freizeit" beschrieben, ist die selbstdeterminierte und selbstbestimmte Organisation des eigenen Urlaubs der Schlüssel zur Erfüllung der eigenen Wünsche und Bedürfnisse und trägt so einen Großteil zu der Urlaubszufriedenheit bei.

4.3.3.2 Negative Auswirkungen

Veränderungen in der Umgebung wie sie beim Reisen vorkommen, können zu einem kurzfristigen Anstieg von Angstzuständen, Blutdruck und körperlichen Beschwerden führen. Diese verschwinden normalerweise in den ersten drei Tagen wieder. Andere potenzielle Gesundheitsrisiken können das eigene

Urlaubsverhalten oder typische Urlaubsstressoren wie z. B. das Reisen zwischen verschiedenen Zeitzonen sein.

Bei diesen Adaptationsphasen (Anpassungsphasen) müssen viele biologische körpereigene Rhythmen nachjustieren. Hier sind manche schneller und manche langsamer, was dazu führt, dass z. B. die Körpertemperatur länger braucht, um sich an eine andere Zeitzone anzupassen, verglichen zu hormonelle Rhythmen, die sich schneller anpassen. Während dieser Adaptationsphase ist unser Körper anfälliger für Infektionen.

Klimaveränderungen können ebenfalls negative Auswirkungen auf unsere Gesundheit haben, da z. B. exzessive Wärme unserem Körper einiges abverlangt. Dieser muss ununterbrochen „klimatisieren" und dies beansprucht unser kardiovaskuläres System. Folgen können Flüssigkeitsverluste und Hitzschläge sein. Gesundheitsprobleme haben natürlich eine negative Auswirkung auf unser Urlaubserlebnis und führen nicht selten zu Erschöpfung, die auch nach dem Urlaub spürbar ist.

Laut einer Studie von Kop et al. aus dem Jahre 2003 ist das Risiko eines Herzinfarkts bei der Reise im Auto, bei einem Urlaub im Zelt oder einem Wohnmobil erhöht, da diese Art des Urlaubs mehr „Herzinfarkt-Trigger" beinhaltet.

Menschen, die ihren Urlaub als nicht zufriedenstellend empfinden, erfahren leider keine positiven Auswirkungen wie eine Verbesserung ihres Wohlbefindens (Strauss-Blasche et al. 2005).

Allgemein zeigt Urlaub keine Auswirkung auf die generelle Lebenszufriedenheit einer Person (Strauss-Blasche et al. 2005).

4.4 Gesundheit und Krankheit

Schon seit längerem ist die Frage nach Gesundheit ein zunehmend wichtiges Thema in unserer heutigen Gesellschaft. Eine gute Gesundheit beizubehalten oder zu erlangen, ist hier der „Knackpunkt". Eine Studie aus dem Jahr 2010 zeigte, dass 68 % der befragte Deutschen angab, dass ihre Gesundheit ihre zentrale Sorge im Jahr 2020 sein wird. Dies macht das Thema Gesundheit zu der zweitgrößten Sorge der Deutschen, gleich nach dem Thema der Arbeitslosigkeit. Zahlen aus den Niederlanden zeigten in 2001, dass bei 38 %, also bei rund 100.000 Arbeitnehmern, die Arbeitsunfähigkeit psychologischer Natur ist (Houtman, Andries, Hupkens, 2004, zit. nach Bernaards et al. 2006).

Wir definieren Gesundheit als den Grad, zu dem Menschen nicht an Krankheiten leiden bzw. etwas ganzheitlicher ausgedrückt: Ein Zustand des Wohlbefindens, welcher sich auf emotionale, physische, soziale und geistige Gesundheit bezieht, in dem grundlegende positive Zustände wie z. B. Glücksgefühle, Zufriedenheit und ein hohes Selbstbewusstsein mit inbegriffen sind.

Eine interessante Tatsache, die wir mit Ihnen teilen möchten: Wussten Sie, dass gute Laune mit externen Geschehnissen wie z. B. gesellschaftliche Zugehörigkeit und Freizeit verbunden ist und schlechte Laune eher von internen Faktoren beeinflusst wird?

4.4.1 Entstehung von Gesundheitsproblemen

Es ist bekannt, dass die Interaktion zwischen dem bestimmten Verhalten einer Person und deren Umweltmerkmalen eine einzigartige und besonders wichtige Rolle – eventuell sogar die entscheidende Rolle – bei der Entwicklung von Gesundheitsproblemen spielt.

4.4.2 Durch Stress verursachte Erkrankungen

Nach vollbrachter Hochleistung wünscht sich der Organismus wieder zurück in die Normalität und versucht, mit Hilfe von Hormonen und weiteren Botenstoffen seinen Stoffwechsel dem Auf und Ab einer sich ständig ändernden Umwelt anzupassen.

Der Preis ist ein verzögerter Abbau der Stressreaktion, weil die damit verbundenen chronisch erhöhten Cortisolwerte verhindern, dass sich die Stressreaktion abbauen kann.

Was passiert, wenn sich die Stresshormone nicht reduzieren, wenn Sie sich nicht entspannen und der negative Stress über weite Strecken anhält?

Unser liebstes Spielzeug
Wir möchten dies wiederholt an einem Beispiel des beliebtesten Spielzeugs der europäischen Männer erklären: natürlich am Auto. Egal, ob wir nun eine deutsche Nobelmarke, ein französisches Knautschzonenwunder, einen italienischen Boliden oder einen asiatischen Importwagen nehmen. Alle Autos haben gewisse Normen, wie Leistung, Hubraum, PS oder auch das zulässige Gesamtgewicht.

Bleiben wir beim zulässigen Gesamtgewicht. Ein guter Freund bittet Sie nun, ihm bei seinem Umzug zu helfen, da Sie ja einen schönen Kombi haben und man diesen Van dann auch wunderbar bepacken kann. Was Sie aber selten haben, ist eine Waage, um festzustellen, wann das zulässige Gesamtgewicht des Fahrzeugs erreicht ist.

4.4 Gesundheit und Krankheit

Das Fahrzeug wird in der Regel überladen, da jedes freie Plätzchen im Auto beladen wird. Beim Losfahren merken Sie, dass der Wagen sich etwas schwerer lenkt, die Federung jedes Schlagloch mitnimmt und der Bremsweg verlängert ist.

Bleibt es bei dem einmaligen Umzug, dann wird der Wagen sicherlich keine Schäden davontragen. Werden Sie aber alle 52 Wochen im Jahr von Ihren Freunden zum Umzug eingeladen, und Sie haben viele gute Freunde, sind wir uns nicht sicher, ob Ihr Fahrzeug bei ständiger Überschreitung des zulässigen Gesamtgewichtes keinen Schaden nimmt. Auch gibt es bis heute keine Studie darüber, was an Ihrem Fahrzeug als erstes kaputt geht: Sind es die Bremsen, die Federungen, das Fahrgestell, die Reifen, die Kupplung oder gar die Karosserie?

Nehmen wir nun an, dass die Bremsen versagen. Der Bremsweg verlängert sich und Sie kommen nicht mehr rechtzeitig zum Stehen; fahren einen Fußgänger an; aus Angst betreiben Sie Fahrerflucht. Sie werden erwischt, werden verurteilt und kommen ins Gefängnis.

Genauso wie die Bremsen des Beispiel-Fahrzeugs verhält sich auch Ihr Körper. Sie wissen nicht, welcher Körperteil zuerst betroffen sein wird und welche Krankheitssymptome sich nach und nach ergeben, welche Folgeerscheinungen und Krankheiten eintreten. Die sind von Mensch zu Mensch verschieden, und wie beim Fahrzeug fallen dann auch die Reparaturen und Kosten unterschiedlich aus.

Bei einer Recherche im Internet haben wir mindestens 100 Tabellen über die häufigsten durch negativen Stress verursachten Krankheiten gefunden.

Interessant ist, dass Mediziner, Psychologen, Berufsgenossenschaften und Arbeitgebervertretungen diese Krankheiten unterschiedlich bewerten und darstellen.

Sicher jedoch ist, um bei dem Beispiel des überladenen Fahrzeuges zu bleiben, dass durch negativen Stress erhebliche Schäden am Organismus entstehen. Welche Körperteile oder Organe betroffen werden, kann man von vornherein nicht sagen.

Stellvertretend möchten wir eine Studie des Wirtschaftsbundes Steiermark aus dem Jahr 2007 zitieren, welche in einer Pressekonferenz zum Thema „Stressless für Unternehmen" folgende Top-10-Reihenfolge nannte:

69,7 % Verspannungen
43,8 % nervöse Unruhezustände
41,5 % Durchschlafstörungen
38,9 % Erschöpfungszustände
34,3 % häufige Stimmungsschwankungen

34,2 % häufige Gereiztheit
33,6 % Haltungsschäden
31,2 % Beschwerden wie Tinnitus oder Schweißausbrüche
30,1 % Störungen im Magen- und Darmtrakt
28,3 % Depressionen

Zusammenfassend kann man feststellen, dass der ganze menschliche Organismus betroffen ist. Angefangen von Gehirn und Psyche über den Bewegungsapparat und das Immunsystem, weiter zum Magen- und Darmtrakt bis hin zum Herz- und Kreislaufsystem.

Aber keine Angst: Nicht jeder Mensch wird durch zu viel negativen Stress krank. Stress ist individuell und zeigt sich auch individuell. Oft sind die Beschwerden auch fließend oder können im Zusammenhang auftreten.

Wichtig jedoch ist: Die Krankheit kommt leise und schleichend und wird erst wahrgenommen, wenn es meist schon zu spät ist.

Viele Menschen ignorieren die ersten Warnsignale des Körpers wie Lustlosigkeit, Kopfschmerzen, Schlafprobleme oder Erschöpfung. Sie nehmen die Überlastung erst wahr, wenn sie wegen eines Bandscheibenvorfalls oder einer Depression den Arzt aufsuchen.

Carola Kleinschmidt und Hans-Peter Unger beschreiben dieses Verschleppen in ihrem Buch „*Bevor der Job krank macht*" (Ungerer und Kleinschmidt 2006), sehr intensiv. Wer die ersten Anzeichen wie Schlafstörungen oder Schmerzen ignoriert, läuft Gefahr in eine Erschöpfungsspirale zu geraten. Für uns ist dieses Buch eine der besten Recherchen zum Thema Burnout und Depression.

4.4.3 Chronische Krankheiten in Kombination mit chronischem Stress

Es wird schon länger darauf hingewiesen, dass chronische Krankheiten in Kombination mit chronischem Stress schädliche Auswirkungen auf unsere mentale Gesundheit haben. So können Depressionen und verschiedene Formen von Angststörungen die Folge sein. Gerade Depressionen sind eine häufige Form von mentalen Krankheiten und eines der größten psychologischen Gesundheitsprobleme der Öffentlichkeit, ganz speziell am Arbeitsplatz. Einige Forscher sagen, dass Depressionen zwei Wesensarten haben, einmal decken sie eine weite Spannbreite an psychischen Störungen ab, auf der anderen Seite sind sie eine Folge von sozioökonomischen Problemen.

Literatur

Bastigkeit, M. (2012). *Mikronährstoffe sinnvoll kombinieren: Basen, Vitamine und Mineralstoffe kritisch unter der Lupe* (S. 153). Wien: Maudrich.

Bernaards, C. M., Jans, M. P., van den Heuvel, S. G., Hendriksen, I. J., Houtman, I. L., & Bongers, P. M. (2006). Can strenuous leisure time physical activity prevent psychological complaints in a working population? *Occupational and Environmental Medicine, 63*(1), 10–16.

Buchenau, P. (2014). *Der Anti-Stress-Trainer* (S. 39, 54). Wiesbaden: Springer.

Kop, W. J., Vingerhoets, A., Kruithof, G.-J., & Gottdiener, J. S. (2003). Risk factors for myocardial infarction during vacation travel. *Psychosomatic Medicine, 65,* 396–401.

Maslach, C., & Jackson E. S. (1986). *The Maslach Burnout Inventory manual.* Palo Alto: Consulting Psychologists Press.

Strauss-Blasche, G., Ekmekcioglu, C., & Marktl, W. (2000). Does vacation enable recuperation? Changes in well-being associated with time away from work. *Oxford Journals Occupational Medicine, 50,* 167–172.

Strauss-Blasche, G., Reithofer, B., Schobersberger, W., Ekmekcioglu, C., & Marktl, W. (2005). Effect of vacation on health: Moderating factors of vacation outcome. *Journal of Travel Medicine, 12,* 94-101.

Ungerer, H.-P., & Kleinschmidt, C. (2006). *Bevor der Job krank macht: Wie uns die heutige Arbeitswelt in die seelische Erschöpfung treibt – und was man dagegen tun kann*. München: Kösel.

Westman, M., & Eden, D. (1997). Effects of a respite from work on burnout: Vacation relief and fade-out. *Journal of Applied Psychology, 82*(4), 516–527.

Wong, J.-Y., & Lin, J.-H. (2007). The role of job control and job support in adjusting service employee's work-to-leisure conflict. *Tourism Management, 28,* 726–735.

Coping 5

5.1 Dem Stress entgegenwirken: Theorien

Coping-Strategien sind Mechanismen, die Menschen helfen, mit Stress umzugehen. Somit stehen sie auch im direkten Zusammenhang mit dem LS-Syndrom. Sie reduzieren Lebensprobleme, indem sie die Probleme als nicht-bedrohlich einstufen oder die Person befähigen, mit Stressoren adäquat umzugehen, sodass die Auswirkungen von Stress abgeblockt werden können, bevor sie die Gesundheit beeinflussen. Folglich wirken diese Strategien effizient, wenn die Person wirklich Stress empfindet. Laut Wissenschaftlern/Forschern gibt es vier Faktoren, die die Auswirkungen von Stress auf unser Wohlbefinden dämpfen:

1. ein Gefühl von Kompetenz
2. das Maße von Übung
3. Sinnhaftigkeit
4. Freizeitaktivitäten

Dieses Kapitel wird sich auf den Freizeitaspekt konzentrieren, da dieser sehr stark mit dem LS-Syndrom verbunden ist. Menschen, die zufrieden mit ihren Freizeitaktivitäten sind und diese auch genügend ausüben, wird nachgesagt, weniger anfällig für Stress zu sein. Wie oft man welche Freizeitaktivitäten ausübt, ist jedem selbst überlassen, da sie auf jeden eine andere Auswirkung haben. Bei manchen hat schon eine geringe Teilnahme an Aktivität A eine große Auswirkung auf das subjektive Wohlbefinden, andere brauchen mehr Beteiligung in Aktivität B, um eine positive Auswirkung zu spüren. Unsere Recherche zeigte, dass gesunde Menschen oftmals eine hohe Anteilnahme an

Freizeitaktivitäten haben. Es wird vermutet, dass dies körperlichen Stressreaktionen vorbeugt, indem es verhindert, dass sich der Stress überhaupt physisch widerspiegeln kann.

5.2 Warum ist Freizeit überhaupt so wichtig?

Es ist generell bekannt, dass uns Freizeit hilft, dem alltäglichen Stress entkommen zu können. Zusätzlich rüstet sie uns mit nützlichen Strategien aus, um dem Stress entgegenzuwirken und um unser Wohlbefinden zu verbessern. Freizeit hilft uns also, den Stress zu reduzieren, indem wir soziale Kontakte wie Freundschaften knüpfen und pflegen und diese uns ein Gefühl von Unterstützung und Zugehörigkeit geben. Freizeit beinhaltet aber auch andere, sehr wichtige Elemente um Stress entgegenzuwirken. Gefühle wie z. B. Handlungsfreiheit, Selbstbestimmung und Widerstandsfähigkeit, wie auch die Vermeidung von Langeweile, sind alles Dinge, die sich positiv auf uns und unsere Gesundheit auswirken. Sie sehen: Freizeit bietet uns viele verschiedene Elemente, um mit Stress umzugehen.

Unsere wahrgenommene Handlungsfreiheit beinhaltet unsere Selbstbestimmung, welche von unserer Kontrollüberzeugung und unserer Widerstandsfähigkeit im Leben beeinflusst wird.

Das Gefühl von Handlungsfreiheit führt zu einem Gefühl von Selbstbestimmung, was wiederum Stress puffert und unserer Gesundheit gut tut. Viele Freizeitaktivitäten geben uns die Möglichkeit, uns selbst auszudrücken und genau diese Selbstbestimmung auszuüben, was – wie wir alle wissen – in der heutigen Gesellschaft oftmals schwer ist. Selbstbestimmung ist das Gefühl, dass man Geschehnisse selbst veranlasst und man dazu fähig ist, Ziele erfolgreich zu erreichen. Menschen, die das Gefühl haben, sie können frei in ihrer Freizeit sein und darin auch selbstbestimmt agieren, zeigen oftmals eine Reduzierung in der Ausprägung von Krankheiten. Das Gefühl von Freiheit ist verbunden mit der Wahrnehmung von Stress. So wirkt sich das Gefühl von Handlungsfreiheit positiv auf unsere Gesundheit aus, da Freizeit die negativen Auswirkungen von Stress dämpft und so reduziert. Deswegen kann man allgemein sagen, dass Menschen, die ein hohes Maß an Selbstbestimmung haben, meist auch besser gegen Krankheiten gewappnet sind.

Die innere Kontrollüberzeugung verkörpert das Gefühl der Kontrolle, die wir über Dinge haben, welches der erfolgreichste Faktor ist, um Stress zu dämpfen. Es ist das Gefühl, dass ich und nicht meine Umgebung der Grund dafür ist, was ich tue und erreiche. Menschen, die der Überzeugung sind, dass sie die Kontrolle über ihr Leben haben, sind widerstandsfähiger gegenüber Lebensstress.

Innere Kontrollüberzeugung und eine gewisse Art der Widerstandfähigkeit unterstützen uns also besonders gut in stressvollen Lebensphasen. Widerstandsfähigkeit in diesem Zusammenhang heißt, dass Menschen Lebensherausforderungen annehmen und Lebensveränderungen im Guten begegnen und so auch in stressvollen Lebenssituationen nicht krank werden und gute Gesundheit beibehalten.

Intrinsische Motivation ist unserer wahrgenommenen Handlungsfreiheit sehr nah, da der Kern der intrinsischen Motivation ebenfalls ein Gefühl der Kontrolle und Freiheit ist. Sie bezieht sich auf unseren Motivationszustand, in dem wir auf Grund des Interesses an einer Aktivität einen inneren Anreiz verspüren, diese Aktivität auszuüben. Menschen, die diese Art der Motivation verspüren, nehmen Lebenskrisen als Herausforderungen wahr, die man angehen und bewältigen kann und nicht als etwas Unmögliches. Genau deswegen wird intrinsische Motivation auch als einer der Erfolgsfaktoren gesehen, die gute Gesundheit unterstützen.

Ein hohes Maß an wahrgenommener Handlungsfreiheit und intrinsischer Motivation hilft Menschen, ihre innere Kontrolle beizubehalten. Jedoch werden wahrgenommene Handlungsfreiheit und intrinsische Motivation als vorübergehende Charakteristika angesehen, die demnach vergänglich sein können.

Ein anderes erwähntes Kernelement von Freizeit ist unser soziales Umfeld. Soziale Unterstützung von Freunden und Familie spielt sich oft in der Freizeit ab, wo sie sich auch hauptsächlich entwickelt. Diese gesellschaftlichen Aspekte tragen eine große Portion zu unserer Gesundheit bei. Soziale emotionale Unterstützung, so also der Glaube und die Erwartung, dass Freunde aus dem sozialen Umfeld uns in einer Lebenskrise helfen werden, hat enorme positive Auswirkungen auf unser Stressempfinden. Diese emotionale Unterstützung oder wir können es auch Beistand nennen, hat einen größeren positiven Einfluss auf unser Stressempfinden als z. B. finanzielle Unterstützung, welche aus unserem sozialen Umfeld kommt.

Leider kann Freizeit wie wir es im Vorfeld schon beschrieben haben, unter bestimmten Konditionen auch zum Stressor selbst werden. So kann das soziale Umfeld negative Auswirkungen auf uns und unser Stressempfinden haben.

Beispiel

Ein Beispiel hierfür ist der Fall, in dem soziale Kontakte nicht von der Person selbst kontrolliert werden, sie also nicht selbstbestimmt ablaufen, oder sie womöglich obligatorischer Natur sind, was z. B. ungewollte soziale Kontakte einschließt. Obligatorische soziale Kontakte dienen daher nicht dazu Stress zu dämpfen, da diese nicht das frei gewählte Element von dem Element „Selbstbestimmung" beinhalten. Menschen sollten in der Lage sein, soziale Kontakte ihrer Freizeit selbst zu wählen, da nur so die positiven Elemente der Freizeit greifen.

Ein anderes Beispiel, wo das soziale Umfeld negativ mit Stress assoziiert wird, ist ein sehr hoher Level an sozialer Unterstützung. Ein hohes Maß an Abhängigkeit von anderen, ist verbunden mit einem geringen Level an wahrgenommener Selbstkontrolle und Selbstkompetenz, da ein dauerhafter Verlass auf soziale (emotionale) Unterstützung zeigt, dass diese Menschen nicht die Kontrolle über ihre Lebenssituationen haben.

Langeweile ist eine negative Erfahrung von Freizeit und wird in sich selbst schon als stressig empfunden. Es wird definiert als eine konstante subjektive Wahrnehmung, dass Freizeitmöglichkeiten ungenügend sind, um die eigenen Wünsche und Bedürfnisse ausreichend zu stillen. Wenn eine Person durchweg gelangweilt ist, kann sie leider nicht die positiven Seiten von Freizeit, wie die genannte Art von Handlungsfreiheit, intrinsische Motivation etc. erleben. Dies führt dazu, dass diese Menschen höchstwahrscheinlich keine positiven Auswirkungen aus ihrer Freizeit schöpfen können.

Leider beeinflussen gesundheitliche Probleme diese Freizeit-Elemente. Sie verringern unter anderem unsere intrinsische Motivation, Handlungsfreiheit und sozialen Kontakte.

5.3 Der Nutzen der Freizeit und dessen Coping-Strategien für Männer und Frauen

Es ist uns allen lange schon bekannt, dass Männer und Frauen unterschiedlich sind. So sind es auch ihre Freizeitaktivitäten, die dahinterstehende Motivation, Wünsche und verfolgten Ziele. Dabei sollten wir nicht vergessen, dass Lebensumstände und potentielle Stresssituationen unterschiedlich aussehen können im Leben eines Mannes und einer Frau, weshalb es gegebenenfalls wichtig ist, verschiedene Strategien anzuwenden.

Oftmals nutzen Frauen ihre Freizeit zur „Selbst-Verjüngung", eventuell als Kompensationsmaßnahme, weil sie oftmals eine breitere Spanne an verschiedenen Verpflichtungen im Vergleich zu Männern meistern. Viele Frauen sagen, sie nutzen ihre Freizeit, um „mal etwas nur für sich selbst zu tun und auf sich zu achten".

Im Gegensatz dazu legen Männer ihren Fokus auf die Aktivität selbst und sehen diese als eine Möglichkeit, dem Alltag zu entkommen und „einfach mal an nichts zu denken". Eine Studie von Iwasaki et al. (2005) behandelt das Thema von geschlechtsspezifischen Coping-Strategien und zeigt, dass Frauen oftmals ergebnisorientierter „ticken" und dies sich in ihrer Freizeit widerspiegelt. So ist ihr primäres Ziel ihrer Freizeitnutzung: sich besser und erholt zu fühlen. Man kann also allgemein sagen, dass Frauen dazu tendieren, sich um sich selbst zu kümmern, vermutlich aus der Motivation heraus, die restliche Zeit damit verbringen zu müssen, sich um andere zu kümmern und „immer zu geben". Männer dagegen wollen sich belohnen. Frei nach dem Motto: „Schaut mal, was ich dieses Jahr alles erreicht habe." Hier kommt anscheinend wieder das Alphatier durch.

Ein interessanter Fund ist, dass oftmals Frauen gemeinnützige Arbeit als Anti-Stress-Methode empfinden, welche eine positive Wirkung auf sie hat und die sie erfüllt. Die Tätigkeiten können durchaus stressig sein, allerdings sind diese positive Stressoren, da sie freiwillig während der Freizeit gewählt wurden, so also bestimmte positive Elemente der Freizeit beinhalten und demnach die Gabe haben, negativen Stress zu reduzieren. Ein anderer Fund, der sich hauptsächlich auf Frauen fokussiert, ist, dass diese sich mit Präventivmaßnahmen beschäftigen. Nehmen wir das Thema Gesundheit: viele Frauen betätigen sich sportlich, weil sie wissen, dass es ihnen gut tut und Stressauswirkungen vorbeugt, bevor diese negative gesundheitliche Auswirkungen haben können. Ja, liebe Männer, Prävention ist wirklich nicht eure Stärke. Nach wie vor wird immer noch lieber repariert anstatt sich über Prävention Gedanken zu machen. Und denken strengt ja bekanntlich an. Dabei lernt man doch in jeder Ausbildung, in jedem Studium, dass es um den Kostenfaktor 10 günstiger ist, eine Maschine präventiv zu warten als diese im Nachgang zu reparieren. Genau diesen technischen Ansatz können wir auf den menschlichen Körper übersetzen. Auch hier sind Männer wesentlich größere Präventionsmuffel als Frauen. Lieber Mann, wann waren Sie das letzte Mal bei einer Krebsvorsorgeuntersuchung?

Frauen verglichen zu Männern, nutzen vermehrt Coping-Strategien, die direkt an ihr Verhalten ansetzen. Das heißt: sie ergreifen, direkte und positive Maßnahmen, um das Problem anzugehen. In diesem Falle ist auch bekannt, dass berufstätige Frauen aktives Planen und Zeitmanagement nutzen und versuchen, so Familie und Arbeit gleichermaßen zu meistern.

Der Großteil der Männer hingegen zeigt wie kurz zuvor beschrieben, kein großes Interesse an präventiven Gesundheitsmethoden. Iwasaki et al. (2005) beschreiben, dass der häufigste Todesgrund eines Mannes das Resultat männlichen Verhaltens ist. Männlichkeit oder Maskulinität ist einer der am häufigsten in Verbindung stehenden Risikofaktoren mit der Krankheit, die ein Mann hat. Eine Coping-Strategie, die „typisch männlich" ist und oft in der Freizeit ausgeübt wird, ist Kontrolle. In der freien Zeit, die ein Mann hat, hat er gerne die totale Kontrolle, oft als Bestätigung, da er diese vielleicht nicht im Job hat. Für gewöhnlich lieben es Männer, das Sagen zu haben, was zugleich viele männliche Werte und Rollenbilder, z. B. Maskulinität reflektiert. Dieser allgemein verbreitete Wunsch, Kontrolle zu übernehmen, ist nicht nur in der Arbeit zu beobachten, sondern spiegelt sich in vielen Lebensfeldern wieder – so auch in der Freizeit. Eine hundertprozentige Anstrengung haben und das nicht nur im Job, sondern auch in der Freizeit – „workhard, playhard", wo Identitäten, Werte und Lebenseinstellungen ausgedruckt werden können.

Vergessen wir hier jedoch nicht die Lieblingsbeschäftigung unseres stereotypischen Mannes? Die meist angewandte Strategie, um Stress anzugehen während der Freizeit ist…? Natürlich! Sport anschauen – Fußball gucken mit den Jungs und mitfiebern. Begleitet wie kann es auch anders sein, von Bier und Chips.

Eine Vermutung, warum Frauen und Männer ihre Freizeit so unterschiedlich nutzen bezüglich ihrer Coping-Strategien, ist, dass Frauen generell weniger wahrgenommene Kontrolle, Einfluss und Macht haben. Verglichen zu Männern limitiert das wiederum den Einfluss auf ihre Coping-Strategien. Zusätzlich wird angenommen, dass Frauen sich oftmals in der Vielzahl ihrer Aufgaben verlieren und sich um viele andere Menschen kümmern, wobei sich Männer diesen Aufgaben und Verpflichtungen oftmals nicht in diesem Maße annehmen (Iwasaki et al. 2005).

5.4 Körperliche Freizeitaktivitäten reduzieren Krankheiten

Körperliche Ertüchtigung ist eine bekannte Strategie, um das Wohlbefinden und die Gesundheit zu fördern. So ist eine minimale Teilnahme an Outdoor, Sport in der Freizeit mit einer besseren Gesundheit, unabhängig von dem erlebten Stress verbunden. Körperliche Aktivitäten in der Freizeit reduzieren Krankheiten: Mitarbeiter, die zwei bis drei Mal (oder mehr) wöchentlich aktiv in ihrer Freizeit waren, waren weniger krankheitsbedingt abwesend in ihrem Job als Mitarbeiter, die keinen Sport trieben. Oftmals hatten die aktiven Mitarbeiter einen Vorteil, da sie keine krankheitsbedingten Fehltage durch „Erkrankungen des Bewegungsapparat" hatten. Allgemein kann man sagen: Sport verringert Symptome von Angstzuständen, Depressionen und verbessert die Laune wie auch das allgemeine Wohlbefinden.

Viele Studien zeigen, dass körperliche Fitness positive Auswirkungen auf unsere mentale Gesundheit hat, ganz speziell auf Depressionen. Mittelschwere Depressionen können durch Sport wesentlich verbessert und in manchen Fällen sogar geheilt werden. Allerdings gibt es bis heute noch keine bahnbrechenden Ergebnisse, welche Rolle regelmäßiger Sport als Präventionsmaßnahme spielt (Bernaards et al. 2006).

Sport als Coping-Strategie
Was allerdings feststeht, ist, dass Sport als Coping-Strategie dient, um mit Stress umzugehen. Sport beinhaltet meistens die bereits beschriebenen Freizeitelemente der Selbstbestimmung und soziale Unterstützung. Leider kann Sport auch zum Stressor selbst werden, wenn er nicht selbstbestimmt und ohne soziale Interaktionen stattfindet. Reine Erholungsaktivitäten haben eine positive Wirkung auf unser Wohlbefinden, allerdings ist hier die Wahl der Aktivität wichtig.

Zusammenfassend lässt sich sagen, dass Menschen, die Sport treiben oder Erholungsaktivitäten ausüben, mehr soziale Unterstützung erfahren. Sie haben ein größeres soziales Netzwerk an Freunden und viele soziale Interaktionen, die ihnen helfen, mit Stress umzugehen.

Körperliche Aktivität und Arbeitsausfall durch Krankheit
Langfristige Arbeitsausfälle, bedingt durch Krankheiten, sind ein wahres Problem in westlichen Gesellschaften. Studien zeigen, dass geringe körperliche Aktivität und der krankheitsbedingte Arbeitsausfall in Verbindung stehen (z. B. Van Amelsvoort et al. 2006). Mitarbeiter, die regelmäßig an sportlichen Aktivitäten teilnehmen, zeigten zwei Vorteile gegenüber nicht sportlich aktiven Mitarbeitern. Sie waren zum einen weniger krank und hatten zum anderen ein geringeres Risiko mehr als 14 Tage krankheitsbedingt auf der Arbeit auszufallen (Eriksen und Bruusgaard 2002). Ein interessanter Fund ist, dass ein Arbeitsausfall verursacht von psychischen Problemen, bei sportlich aktiven wie auch inaktiven, gleich war.

Natürlich sollte hier angemerkt werden, dass bereits bestehende gesundheitliche Probleme die Teilnahme am Sport verringern können und zu einem erhöhten Arbeitsausfall führen können.

Bernaards et al. (2006) Studie beschäftigte sich mit der Beziehung zwischen sitzenden Jobs und körperlicher Aktivität. Resultate legen nahe, dass körperliche Aktivitäten eventuell präventiv auf zukünftige psychische Beschwerden, geringe Gesundheit und Langzeit-Arbeitsausfall, wirken. Bei Mitarbeitern, die einen sitzenden Job hatten, war ein- bis zweimaliges Sporttreiben in der Woche mit einem verringerten Risiko verbunden, an Depressionen zu erkranken und emotionale Erschöpfung zu erleiden. Dies war allerdings nicht der Fall für Mitarbeiter, die mehr als dreimal die Woche Sport trieben. Es wurde keine Verbindung zwischen körperlicher Aktivität und einem verringertem Risiko für Depressionen gefunden, bei Menschen die einen nicht sitzenden Job ausführten. Demnach sollten Firmen körperliche Ertüchtigung fördern, um krankheitsbedingte Arbeitsausfälle zu verringern.

5.5 Outdoor-Sport

Outdoor-Sport, hat wie normaler Sport auch, viele positive Auswirkungen auf unsere Gesundheit. Allerdings beinhaltet der Outdoor-Sport sogenannte Meta-Herausforderungen. Diese involvieren eine Art zusammengesetzten Stress aus beidem, körperlichen und psychischen Beanspruchungen. Diese Art von Aktivität beinhaltet oftmals unbekannte Herausforderungen wie z. B. mit sozialen, psychischen und physischen Risiken umzugehen.

Diese verschiedenen Herausforderungen und Risiken werden Meta-Herausforderungen genannt und diese werden oftmals als stressig empfunden. Outdoor-Abenteuer involvieren zwei Komponenten von Stress. Herausforderungen, die uns potenziell wachsen und entwickeln lassen und Herausforderungen, die uns bedrohen und potenziell für Schaden stehen. Beide Komponenten sind allerdings hilfreich, um wünschenswerte Qualitäten wie Selbstbewusstsein, Kommunikationsfähigkeit und Problemlösungskompetenz zu entwickeln und zu fördern.

Die Unterscheidung zwischen „Low Fit" und „High Fit"
Eine Studie von Bunting et al. (2000) zeigte, dass Individuen, die ein geringes Fitness-Level haben („Low Fit"-Individuen), verglichen mit sehr fitten Individuen („High Fit"-Individuen) dazu tendieren, eine höhere „Hormon-Response", also die Wechselwirkung zwischen Produktion und auch den Abbau von Stresshormonen zu haben. Gut trainierte Menschen erholen sich schneller von akutem Stress als weniger gut trainierte Menschen. „Low Fit"-Individuen zeigen eine größere Response zu beiden – körperlichen und mentalen Herausforderungen. Dies beeinflusst auch die Selbstwahrnehmung, Beurteilung von Angst und die Aufmerksamkeit. Eine Person, die regelmäßig Sport treibt und in unsere „High Fit"-Kategorie fällt, hat höchstwahrscheinlich eine positive Selbsteinschätzung und nimmt Herausforderungen als weniger bedrohlich wahr als „Low Fit"- Individuen.

Könnte es sein, dass Outdoor-Abenteuer die Metaphern für den Lebensstil und den Lebensstress des 21. Jahrhunderts sind? Vielleicht suchen Menschen, die in Outdoor-Sport involviert sind, bewusst oder unbewusst Widerstandsfähigkeiten, um in einem Leben voller Meta-Herausforderungen klarzukommen.

Literatur

Bernaards, C. M., Jans, M. P., van den Heuvel, S. G., Hendriksen, I. J., Houtman, I. L., & Bongers, P. M. (2006). Can strenuous leisure time physical activity prevent psychological complaints in a working population? *Occupational and Environmental Medicine, 63*(1), 10–16.

Bunting, C. J., Tolson, H., Kuhn, C., Suarez, E., & Williams, R. B. (2000). Physiological stress response of the neuroendocrine system during outdoor adventure tasks. *Journal of Leisure Research, 32*(2), 191–207

Eriksen, W., & Bruusgaard, D. (2002). Physical leisure-time activities and long-term sick leave: A-15 month prospective study of nurses' aides. *Journal of Occupational & Environmental Medicine, 44*(6), 530–538.

Iwasaki Y, MacKay K, Mactavish J (2005). Gender-based analyses of coping with stress among professional manager: Leisure coping and non-leisure coping. *Journal of Leisure Research, 37*(1), 1–28.

Van Amelsvoort LG, Spigt, M. G., Swaen, G. M., & Kant, I. (2006). Leisure time physical activity and sickness absenteeism; a prospective study. *Occupational Medicine, 56*(3), 210–212.

Der Job und die eigenen Ressourcen 6

Ressourcen sind wertvolle und geschätzte Objekte, persönliche Charakteristika oder Zustände wie Zeit, Kompetenzen oder Fähigkeiten.

Wenn Mitarbeiter viele Ressourcen zur Verfügung haben, führt dies zu einer Erleichterung Arbeitsaufgaben zu erledigen, da diese mit weniger Anstrengung verbunden sind. (Die Verfügbarkeit von Ressourcen führt zu einer Verringerung von Anstrengung, die der Mitarbeiter aufbringt, um tägliche Arbeitsaufgaben zu meistern.) Dadurch, dass Ressourcen extrem wichtig für uns sind und uns im Alltagsleben helfen, sollte die Frage der Ressourcen nicht nur das Individuum selbst beschäftigen, sondern auch den Arbeitgeber. Generell kann man sagen, dass Menschen mit Ressourcen „ausgestattet" werden, wenn sie sich bewusst werden, dass sie Ziele erreichen, Aufgaben erfolgreich meistern, allgemein gesprochen ihre eigene Kompetenz und Selbstwirksamkeit spüren. All diese Dinge zu realisieren, erhöht laut Studien das individuelle Wohlbefinden.

Maßnahmen, um Ressourcen aufzubauen und Stress entgegen zu wirken, speziell während der Ferien, können wie folgt aussehen:

1. eine positive Arbeitsreflexion
2. „Nachhaltige-Positive-Bewältigungs-Erfahrungen"
3. Entspannung

Eine positive Arbeitsreflexion ist nichts anderes, als sich über die positiven Aspekte seiner Arbeit bewusstzuwerden und zu realisieren, was man eigentlich gerne macht in seinem Job. Diese Strategie kann verlorengegangene Ressourcen zurückbringen und es leichter machen, weitere hinzuzufügen.

„Nachhaltige-Positive-Bewältigungs-Erfahrungen" beinhalten Aktivitäten, die eine Art Herausforderung für das Individuum darstellen oder die Möglichkeiten bieten, neue Fähigkeiten zu erlernen, wie z. B. Sprachkurse, eine neue Sportart oder eine Bergexpedition. All diese Aktivitäten fördern die gute Laune, statten mit neuen Ressourcen aus und je nach Erfolgserlebnis, steigern sie das Selbstvertrauen.

Unter Entspannung verstehen wir wirkliche Entspannung. Das bedeutet in erster Regel eine Entlastung der Muskulatur und die ist ja gerade in Stresssituationen extrem angespannt. Dies gilt nicht nur für die körperliche Muskelanspannung, sondern auch für die seelische Anspannung. Ziel ist aber auf alle Fälle der Abbau von Stress. Deshalb sollten Sie in den Ferien, liebe Leserin und lieber Leser, erst einmal runterkommen – ankommen. Es nutzt nichts, wenn Sie meinen, Sie müssten bereits an den ersten drei Tagen alle Sehenswürdigkeiten der Umgebung, sämtliche Animationsprogramme oder den seit einem Jahr vernachlässigten Frühsport auf dem Programm haben. Kommen Sie erst einmal an, relaxen Sie, nehmen Sie sich die Zeit, die Sie brauchen. Wählen Sie, wenn Sie schon aktiv werden wollen, einfach Entspannungsverfahren, wie zum Beispiel, einfach nur am Strand liegen, die Sonne genießen, ein Buch lesen, lange schlafen oder etwas autogenes Training, Yoga oder Tai Chi. Wichtig ist: langsam, es jagt Sie niemand!

Das Konsumieren von Ressourcen hat negative Auswirkungen auf das individuelle Wohlbefinden und die eigene Leistung. Es wird vermutet, dass das Maß unserer Erholung einen Einfluss auf unsere Kapazität hat, uns anstrengen zu können um einen bestimmten Aufwand zu betreiben. Wir brauchen allerdings diesen Aufwand, der mit Anstrengung verbunden ist, um ein hohes Level an Leistung zu erbringen.

Aktivitäten, die Ressourcen konsumieren, hindern das Individuum daran sich von der Arbeit zu erholen, was dazu führt, dass wir weniger leistungsfähig werden. Um produktive und leistungsstarke Mitarbeiter zu haben, ist es als Konsequenz also speziell für Unternehmer und Führungskräfte wichtig, die Faktoren zu identifizieren und zu beseitigen, die Ressourcen konsumieren.

Beispiel
Ein Beispiel für die Konsumierung von Ressourcen kann die folgende Situation einer negativen Arbeitsreflexion sein. Ein Mitarbeiter denkt ständig über negative Aspekte seiner Arbeit nach und was ihn alles bei seinem Arbeitsablauf oder Arbeitsumfeld stört. Das natürlich während der Pause, während des Feierabends und im Urlaub. Es sollte keinen wundern, dass

genau diese Art des Grübelns negative Auswirkungen auf unser Wohlbefinden wie auch auf unsere Leistungsfähigkeit hat. Natürlich können nicht nur Dinge, die mit dem Job in Verbindung stehen Ressourcen konsumieren. Wenn das Auto samstagsabends pünktlich zum Fußballspiel kaputtgeht und die Familie mit dem Zweitwagen unterwegs ist, beeinflusst auch das unser Wohlbefinden.

Nach der Ressourcen-Theorie tritt Stress dann auf, wenn Individuen sich bemühen, Ressourcen zu erlangen, dann jedoch befürchten, diese Ressourcen zu verlieren oder keine neuen Ressourcen mehr erlangen zu können.

6.1 Wie wichtig sind Pausen wirklich?

Eine Studie von N-TV aus dem Jahr 2007 zeigt, dass täglich 40 bis 60 min nicht effizient von Arbeitnehmern genutzt werden. Diese Zeit wird verbracht mit: Aus dem Fenster gucken, herumlaufen oder einfach mal auf den Bildschirm gucken- lange, sehr lange! Wer kennt das nicht? Diese Studie schlägt vor, dass Firmen sich nicht über diese versteckten Pausen aufregen sollten, sondern sich stattdessen um ein erfolgreiches *Pausen-Erholungs-Design* für ihre Arbeitnehmer bemühen sollten. Denn Pausen vor dem Computer sind nicht erholsam. Erholungsräume, eventuell sogar ausgestattet mit einem CD-Player und Erholungsmusik, wären eine gute Investition. Andere Studien schlagen ähnliche Methoden vor; eine kurze Arbeitspause, die in Form von körperlicher Betätigung genutzt wird, die Pause für Meditation oder den berühmten Powernap nutzen. Dies seien gut genutzte Pausen, die den Arbeitnehmer effizient erholen lassen. Zusätzlich dazu zeigte die N-TV Studie, dass sich eine zehnminütige Extra-Pause pro Tag ebenfalls positiv auf die freie Zeit der Mitarbeiter auswirkt. Sie konnten sich besser erholen und ihre Schlafqualität verbesserte sich. Leider sehen viele Firmen diese Art der Investition immer noch als unnütze Ausgaben, ohne weiteren Sinn (n-tv 2007).

Nachfolgend zwei positive Beispiele, wo man Bestandteile der N-TV Studie bereits erfolgreich umgesetzt hat.

Beispiel
Die EDAG Engineering AG ist ein deutsches Unternehmen in den Bereichen Produktentwicklung, Produktionsanlagenentwicklung, Anlagenbau und Kleinserienfertigung. Die EDAG-Gruppe gilt als weltweit größter unabhängiger Entwicklungspartner der Automobil- und Luftfahrtindustrie.

Bei der EDAG wurden sogenannte Erholungsräume für die Angestellten eingerichtet. Mitarbeiter und auch Führungskräfte können sich dort während der Arbeitszeit zum Powernap zurückziehen. Laut Aussage der Personalabteilung wird dieses Angebot stark genutzt. Ähnliches wird auch bei der The Right Way GmbH, einem Schweizer Beratungsunternehmen, durchgeführt. Hier hat man konsequent die *50-Minutenstunde* eingeführt. Die Mitarbeiter werden angehalten, alle 50 min zehn Minuten Pause zu machen. Beide Maßnahmen, die bei der EDAG und bei The Right Way fördern die Leistungsfähigkeit der Mitarbeiter, was einen effektiven Mehrwert in Form von Profitabilitätssteigerung für das Unternehmen, aber auch für den Einzelnen, bietet.

6.2 Arbeitsbelastung, Arbeitsleistung und Ferien

Seine eigenen Ressourcen während eines Urlaubs wieder aufzuladen, hat einen großen Einfluss auf die spätere Arbeitsleistung. Wenn man nach einem erholsamen Urlaub wieder zurück an den Arbeitsplatz kommt, arbeitet man effizienter und steigert seine tägliche Arbeitsleistung. Arbeitsleistung bezieht sich hier auf ein Verhalten, welches zu den vorgeschriebenen Arbeitsanforderungen gehört und welches zu dem formellen Vergütungssystem bzw. persönlichen Belohnungssystem steht.

Leider wirkt sich eine hohe Arbeitsbelastung direkt nach den Ferien störend auf den positiven Einfluss der Ferien aus und führt zu einem Rückgang des „neugewonnenen, wieder aufgebauten" Wohlbefindens. Dieser Effekt wurde bei Beschäftigten, die eine geringere Arbeitsbelastung gleich nach ihren Ferien hatten und sich dann steigerten, nicht gefunden.

Arbeitsbelastung meint hier das Maß an Arbeit, welches Mitarbeiter in der ihnen zur Verfügung stehenden Zeit nicht erledigen können, aber auch die Wahrnehmung von Mitarbeitern, nicht in der Lage zu sein ihre Arbeit rechtzeitig und gewissenhaft zu erledigen. Eine zu hohe Arbeitsbelastung verringert zusätzlich die Zeit und die Energie von Mitarbeitern, ihre Bereitschaft an Freizeitaktivitäten teilzunehmen und ihre Möglichkeiten, Zeit mit ihrer Familie und ihren Freunden zu verbringen.

Zusammenfassend lässt sich sagen, dass es einen Zusammenhang zwischen wahrgenommener Arbeitsbelastung und allgemeinen Abwesenheiten, Verspätungen, Langsamkeit, krankheitsbedingter Fehltage und Arbeitszufriedenheit gibt. Genau aus diesem Grund raten wir Firmen eindringlich dazu, eine allmählich ansteigende Arbeitsbelastung nach der Ferienzeit einzuplanen.

6.3 Wenn Freizeitaktivitäten aufgegeben werden

Wie schon in früheren Kapiteln beschrieben, ist Freizeit fundamental wichtig, damit wir uns wohlfühlen und gesund bleiben. So zeigte Payne et al. (2006), dass Menschen, die ihre Freizeitaktivitäten aufgeben, anfälliger für Depressionen sind. Dies wird folgendermaßen erklärt: Es werden nicht „nur" Freizeitaktivitäten aufgegeben, sondern auch ein Großteil der Stressbewältigungsmöglichkeiten und Methoden, die eben in diesen Aktivitäten „drin stecken". Wenn man also nicht adäquat mit Stress umgehen kann, dadurch dass einem die Stressbewältigungsmöglichkeiten fehlen, steigt folglich das allgemeine Stressempfinden an. Je höher dieses ist, desto geringer ist die wahrgenommene Gesundheit. Im Umkehrschluss ist die Gleichung nicht schwer:

Je höher die Freizeitaktivitäten und die damit verbundenen positiven Freizeitelemente und Stressbewältigungsmöglichkeiten, wie z. B. Freundschaften, wahrgenommene Handlungsfreiheit und intrinsische Motivation, desto höher die wahrgenommene Gesundheit (Iso-Ahola und Park 1996). Anhand unseres Beispiels hieße es dann: Je mehr positive Freizeitelemente eine Person erlebt, desto geringer ist ihr Risiko, an einer Depression zu erkranken (Payne et al. 2006).

Literatur

Iso-Ahola, S. E., & Park, C. J. (1996). Leisure-related social support and self-determination as buffers of stress-illness relationship. *Journal of Leisure Research, 28,* 169–187.

n-tv. (2007, November Tuesday). Eine Stunde pro Tag verloren – Zeit vergeuden am Arbeitsplatz. Retrieved Dezember Thursday, 2012. www.n-tv.de: http://www.n-tv.de/ratgeber/Eine-Stunde-pro-Tag-verloren-article240961.html. Zugegriffen: 3. März 2015.

Payne, L. L., Mowen, A. J., & Montoro-Rodriguez, J. (2006). The role of leisure style in maintaining the health of older adults with arthritis. *Journal of Leisure Research, 38*(1), 20–45.

Das LS-Syndrom und dessen Interaktionen 7

Oftmals mit LS in Verbindung stehenden Persönlichkeitsmerkmalen

Lassen Sie uns noch einmal auf die Persönlichkeitsmerkmale der Leisure-Sickness-Betroffenen zurückkommen. Wie schon am Anfang unseres Buches besprochen, zeigen die meisten LS-Betroffenen folgende Charakteristika auf: Eine hohe Arbeitsbelastung, Perfektionismus und ein äußerst ausgeprägtes Pflichtbewusstsein und Engagement bezüglich der Arbeit. Hinzu kommen ein Unvermögen, zu entspannen und sich zu erholen, ein subjektiver hoher Arbeitsstress und ein Unvermögen, effektiv mit Stress umzugehen und ihm entgegen zu wirken. Es wird daher in Fachkreisen vermutet, dass viele LS-Betroffene Schuldgefühle plagen, wenn sie sich ausruhen und entspannen sollten.

Die Frage einiger Wissenschaftler ist: Welche Situation war zuerst vorhanden? Das Unvermögen Freizeit zu genießen, woraus sich dann folglich Symptome entwickelten, oder die Situation, dass schon bestehende Symptome die Person daran hindern, effizient ihre Freizeit zu nutzen und zu genießen. Bis heute ist diese Frage unbeantwortet. Eines steht jedoch fest: Das LS-Syndrom beeinflusst unser Wohlbefinden negativ.

Dass sich LS-Betroffene und nicht von LS-Betroffene in der Gestaltung ihrer Freizeitaktivitäten und ihres Lebensstils während ihrer freien Zeit nicht unterscheiden, zeigten Vingerhoets und Kollegen in ihrer Studie von 2002. Beide Gruppen gaben keinen erkennbaren Unterschied in *der Bewertung ihrer Freizeitaktivitäten* an. Dies bedeutet, dass LS-Betroffene ihre Freizeit nicht beschäftigter wahrnehmen als nicht von LS-Betroffene.

7.1 Das LS-Syndrom und dessen wirtschaftlichen Auswirkungen

Mitarbeiter, die ein entspanntes und erfrischendes Wochenende hatten oder erholt aus den Ferien zurückkommen, sind montagmorgens erheblich leistungsfähiger.

Der Kölner Wissenschaftler Professor Winfried Panse geht davon aus, dass bei Mitarbeitern, die gestresst sind, egal ob nun dieser Stress aus Überlastung oder aufgrund eines nicht erholsamen Urlaubs entstanden ist, die Leistungsfähigkeit um bis zu 40 % zurückgeht. Anders ausgedrückt, warum bezahlen Sie einen Mitarbeiter fünf Tage die Woche, wenn er nur drei Tage leistet? Oder rechnerisch erklärt:

> **Beispiel**
>
> Gehen wir davon aus, dass Sie ein Mitarbeiter 5000 € im Monat kostet. Sozialversicherungen eingeschlossen. Nur mit der reinen Verdienstfrage verlieren Sie als Unternehmer 2000 € (also 40 %) pro Mitarbeiter pro Monat. Sie bekommen ja keine Gegenleistung dafür. Nun gehen Sie weiter davon aus, dass jeder zweite Mitarbeiter in Deutschland vom LS-Syndrom betroffen ist und Sie führen ein Unternehmen mit 200 Mitarbeitern.
> Nun folgt die einfache Rechnung:
> 2000 € pro Monat mal 12 Monate = 24.000 €
> 200 Mitarbeiter, davon 50 % = 100 Mitarbeiter
> Sie zahlen für unproduktive Arbeit: 2.400.000 € pro Jahr.
> Bei den 2,4 Mio. € sind eventuelle Produktionsausfälle, Workaround-Maßnahmen, Überstunden und weitere korrigierende Maßnahmen noch nicht eingerechnet. Kurzum: nehmen Sie als Unternehmer oder Führungskraft das Thema Leisure-Sickness nicht ernst, verlieren Sie einfach Geld, viel Geld.

Überlastende negativ wahrgenommene Arbeitszustände sind nach wie vor eine der Hauptgründe, warum Menschen Stress empfinden. Diese negativen Stressoren sind die Hauptgründe für Burnout und Depressionen. Negativer Stress reduziert die kognitiven Fähigkeiten und erhöht die Frustrationen, die dann Ärger am Arbeitsplatz verursachen. Der Kreislauf setzt sich weiter fort. Sie als Unternehmer verlieren einfach weiterhin Geld.

7.2 Erholung von dem LS-Syndrom

Vingerhoets Studie aus dem Jahr 2002 behandelt ebenfalls die Frage, wie eine Erholung vom LS-Syndrom und dessen Symptomen aussehen könnte. Auf diese Fragen gibt es leider keine genaue Antwort. Jedoch rückte Vingerhoets Studie der Antwort auf die Fragestellung ein Stückchen näher.

Ein Großteil seiner Studienteilnehmer gab an, dass eine spezifische Lebensveränderung oder Lebensepisode für das Verschwinden des LS-Syndroms verantwortlich war. Die am häufigsten angegebene Erklärung für das Verschwinden der Symptome war ein Jobwechsel (55 % der Teilnehmer der Studie). 25 % der Teilnehmer gaben an, dass eine Veränderung ihrer Einstellung gegenüber ihrer Arbeit und eine generelle Veränderung ihrer Lebensgrundhaltung das LS-Syndrom verschwinden ließen. Hier wurde auch angegeben, dass die Arbeit nicht mehr als das oberste und relevanteste Lebensfeld wahrgenommen wurde und sie mehr auf eigene Körpersignale hören, so z. B. eine Pause einlegen, wenn sie diese spürbar brauchen.

Weitere Empfehlungen, um dem LS-Syndrom entgegenzuwirken, sind körperliche Aktivitäten: Es muss nicht immer Sport sein. Einfach nur Bewegung reicht nach der Arbeit schon aus, um den Übergangskonflikt zwischen Arbeit und Freizeit von einer rein körperlichen Sichtweise zu verringern und ein Ritual von Arbeit zu Erholung einzuleiten. Vingerhoet schlägt vor, dass einige Arten von Interventionen sehr effektiv für einige Betroffene sein können. Ein Beispiel hierfür seien bestimmte Arten von kognitiver Verhaltenstherapie, welche sich speziell auf eine Wiederherstellung des individuellen Lebensgleichgewichts ausrichten, z. B. mehr Aufmerksamkeit auf Wertschätzung des sozialen Umfelds legt, ganz speziell auf das familiäre Umfeld. Generell sollte es ernst genommen werden, dass das LS-Syndrom ein klares Signal unseres Körpers ist, welches uns versucht mitzuteilen, etwas leichter an unseren Job heranzugehen und eine Balance zwischen Arbeit- und Freizeitaktivitäten anzustreben und beizubehalten.

Weiterhin wird empfohlen, Freizeitaktivitäten im Vorhinein aktiv zu planen und ihnen eine hohe Gewichtung zu geben. Wir können es nur noch einmal wiederholen: Bewegung gehört in die Agenda jeder Führungskraft.

Literatur

Vingerhoets, J. J. M., Van Huijgevoort, M., & Van Heck Guus L. (2002). Leisure sickness: A pilot study on its prevalence, phenomenology, and background. *Psychotherapy and Psychosomatics, 71,* 311–317.

Was sagen Betroffene? 8

Resultate der Betroffenengruppen

▶ Birte Balsereit hat im Rahmen ihrer wissenschaftlichen Arbeti zwei Gruppen von LS-Betroffenen befragt. Gruppe 1 bestand aus fünf Studenten mit einem durchschnittlichen Alter von 24 Jahren. Gruppe 2 bestand aus vier Berufstätigen mit einem durchschnittlichen Alter von 49 Jahren.

Die Resultate der Betroffenengruppen unterstützen die allgemeinen Aussagen aus der bisherigen Forschung und der Expertenmeinungen.

8.1 Was für Symptome hat unsere Betroffenengruppe?

Die Betroffenen gaben an, dass sie unter Grippeinfektionen, Augenzucken, Ohrgeräuschen, Hautproblemen, Problemen der Atemwege, Kreislaufproblemen, Schlafproblemen, Niedergeschlagenheit, Muskelschmerzen, Sinusitis, Übelkeit, Migräne und/oder Müdigkeit leiden, die zwei Tage nachdem der Stress reduziert wurde, ausbrachen. Es traten immer wieder die gleichen Symptome auf. Die genannten Symptome wie auch das wiederholte Auftreten der gleichen Symptome wurden ebenfalls in den bisherigen Forschungsergebnissen genannt.

Verbindung von Stress und Symptomen?
Beide Betroffenengruppen sahen eine klare Verbindung zwischen ihrem Stresslevel und der Intensität der Symptome; je mehr Stress empfunden wurde, desto schlimmer waren die Symptome. Oftmals waren sich die Betroffenen

darüber im Klaren und akzeptierten diesen Zustand, da sie dachten, sie könnten ihre Situation nicht ändern.

8.2   Wann tritt das LS-Syndrom auf?

Das Auftreten des LS-Syndroms war während der Ferien deutlich höher, verglichen zu den Wochenenden, an denen viele Betroffene keine Beschwerden hatten. Betroffene erklärten, dass sich während des Wochenendes ihr Stresslevel nicht wirklich veränderte, da sie konstant an ihre Arbeit dachten und dies der Grund sei, warum sie sich nicht erholen könnten. Genau deswegen wird im Allgemeinen vermutet, dass Betroffene nicht am Wochenende, sondern eben vermehrt in ihren Ferien krank werden. Zwei bis drei Tage nach dem letzten Arbeitstag traten dann erste Symptome auf und verstärkten sich in den folgenden drei bis sieben Tagen. Interessanterweise gaben Betroffene an, dass sie zwei bis sieben Tage benötigten, um in ihren Ferien überhaupt eine Erholungsphase beginnen zu können.

Migränebetroffene gaben an, dass sie fast immer am Samstagmittag und/ oder sonntags Migräneattacken erlitten.

Wann begann das LS–Syndrom?
Gruppe 2 sah eine klare Verbindung zu einer stark emotional belastenden Situation, in denen sie ihre innere Balance verloren haben. So wurden z. B. drastische Arbeitsveränderungen in Kombination mit Familienstress, der Start des ersten Jobs und/oder eine Veränderung im eigenen Lebensstil in Kombination mit der Tatsache alleinerziehend zu sein, genannt. Betroffene sagten, dass sie funktionieren mussten, egal was das Leben mit sich brachte. Sie konnten sich nicht erlauben, auf ihren Körper zu hören oder sich um sich selbst zu kümmern, da sie darauf angewiesen waren, alles unter Kontrolle zu haben. Zusätzlich äußerten Betroffene, dass sie ja aus Erfahrung wissen, dass sie nur diese paar Tage „überstehen" müssten und dann die Symptome wieder verschwanden.

Auf die Frage „Was möchte ich denn in meinem Leben machen?", lachten einige der Betroffenen und antworteten, dass es ein Luxus sei, sich diese Frage zu stellen und dass sie nie die Chance hatten, sich primär um sich selbst zu kümmern, sondern die meiste Zeit damit beschäftigt waren, sich um andere – Arbeit und Familie – zu kümmern.

Gruppe 1 assoziierte den Beginn des LS-Syndroms mit der enormen Angst zu versagen, speziell in Bezug darauf, das Studium nicht zu schaffen. Bei manchen hat sich das LS-Syndrom bereits in der Abitur-Zeit abgezeichnet.

Andere beschrieben, dass sie keine Zeit hatten, Angst zu empfinden, da sie so unter Druck standen, dass sie nur von Klausur zu Klausur gedacht haben. Sie konzentrierten sich nur auf das reine Durchhalten und dachten nicht an Konsequenzen. Betroffene erklärten die Lage, ein Betroffener von dem LS-Syndrom zu sein, indem sie dachten, „der Körper braucht nun mal seine Pausen und wenn ich ihm diese nicht gebe, nimmt er sie sich irgendwann selbst bzw. zwingt mich diese zu nehmen".

8.3 Das soziale Umfeld und das LS-Syndrom

Das soziale Umfeld wurde eher als negativ wahrgenommen, da nicht von LS-Betroffene die Situation von LS-Betroffenen nicht verstehen können und die Abwesenheit von Energie und Zeit nicht nachvollziehen könnten. Teilweise äußerten Betroffene, dass ihr Umfeld auch gar nicht helfen wollte. Ein Umfeld, welches Verständnis und Akzeptanz zeigte, wurde als hilfreich und unterstützend angesehen. Viele Betroffene sagten allerdings, dass sie ihre Gedanken und Gefühle bezüglich ihres Zustands nicht mit ihrem sozialen Umfeld teilten, da sie der Meinung sind: „Das ist eine Sache, die mich belastet. Da kann mir kein anderer helfen".

8.4 Die Verbindung zwischen LS-Syndrom, Stress und Erholung

Betroffene sahen eine Verbindung zwischen LS, Stress und Erholung. Der stärkste Stress entstünde durch die Arbeit oder durch Universitäts-Klausurphasen. Allerdings zeigten vereinzelte Meinungen, dass gerade Familienprobleme zusätzlich mehr Stress auslösen. So z. B. wenn man kleine Kinder hat und deswegen keine freie Zeit mehr für sich selbst nutzen kann und so die eigenen Bedürfnisse nicht mehr erfüllen kann.

Einige Befragte unterschieden zwischen verschiedenen Arten von Stress und gaben an, dass diese unterschiedliche Auswirkungen auf sie hatten. So gab es den Arbeitsstress, der z. B. von ihrem Vorgesetzten verursacht wurde, da sie darüber keinerlei Kontrolle hatten und der Stress, den sie sich „selber machten", über den sie glaubten, mehr Kontrolle zu haben. In diesen Gesprächen kristallisierte sich heraus, dass sich viele Betroffene darüber im Klaren waren, dass es die eigenen Wahrnehmungen und Bewertungen von Situationen sind, die ihren Zustand determinierten.

8.5 Erholung während der eigenen Freizeit

Betroffene legten Wert darauf, Zeit für sich selbst zu haben und eine innere Ruhe zu spüren. Befragte mit Kindern erklärten, dass sie keine freie Minute für sich haben und sie das stark belastete.

Soziale Interaktionen, Sport, Natur, allgemein sich bewegen und in Bewegung zu kommen und aktiv etwas zu unternehmen, wurde dagegen als förderlich angesehen. Vor allem eine örtliche Trennung zur Arbeit und zur bekannten Umgebung zu haben, wurde als erholend empfunden. Jede Woche eine Gruppe von Freunden zu sehen, fix eingetragen im Terminkalender, wie ein Ritual – das wurde als sehr hilfreich empfunden, um sich regelmäßig zu erholen. Ein Programm im Voraus zu planen, welches sich von den alltäglichen Aufgaben unterschied und in einer Gruppe realisiert wurde, wie auch andere Konversationen zu haben und allgemein den Körper wieder in Balance zu bringen, wurde als positiv und hilfreich empfunden. „Einen Tag raus aus dem gewohnten Alltagswahnsinn und wandern" oder ein geplanter Tages-oder Wochen-Wellnessaufenthalt.

Besonders die Natur ist hier hervorgehoben worden, da diese eine Umgebung mit wenig Input ist und mit geringen Stimuli assoziiert wurde. Für die Befragten wirkt die Natur beruhigend und erholsam. Männliche Betroffene gaben an, dass sie massive Ablenkung von der Arbeit brauchen, um sich zu erholen. Auch ein Tag mit räumlicher Trennung undmassiver anderer Beschäftigung brächte mehr Erholung als eine Woche Zuhause, wo sie sich mental nicht von der Arbeit trennen könnten. Viele weibliche Betroffene gaben an, sich bei einer Massage besonders gut erholen zu können und durch diese Entspannung sich dann auch ihre Laune verbesserte.

Manchen reichte diese Art der Erholung jedoch nicht aus. Sie benötigen eine vierwöchige Kur, um sich wieder erholen zu können.

Allerdings gilt auch hier: jeder erholt sich anders. Für Hans ist der Städtetrip nach Budapest der absolute Renner, Günther genießt zwei Wochen im All-Inclusive-5-Sterne-Hotel am Meer.

Sport wurde von einigen Betroffenen oftmals als zusätzliche Belastung wahrgenommen und nicht als Erholung. Betroffene wussten: „Sport ist gut für mich und verhindert schlimmeres", allerdings „habe ich keine Kraft, um jetzt noch Sport zu treiben", „muss" es aber machen, weil ich sonst Rückenschmerzen bekomme. Oftmals zwangen sie sich dann abends noch ins Fitnessstudio zu gehen. Teamsport dagegen wurde als angenehmer empfunden, da er soziale Kontakte beinhaltet und eine Form der Konzentration mit sich bringt, so z. B. die Konzentration auf den Ball.

Den freien Tag zuhause im Bett und vor dem Fernseher zu verbringen, half Betroffenen nicht sich zu erholen, jedoch wird dies oftmals trotzdem getan. Grund dafür war, dass man sich zu kraftlos und antriebslos gefühlt hat. Hier wurde beschrieben, dass man zwar vor dem Fernseher sitzt, allerdings den Stressor Arbeit noch „sieht"m- manchmal wörtlich „die Berge voller Papier auf dem Schreibtisch". Dies macht es besonders schwer, sich zu erholen und innerlich aufzuladen.

Es war erschreckend zu hören, dass manche Befragte gar nicht mehr wussten, wie man sich aktiv erholt. Sie haben sich so lange keine Auszeit mehr gegönnt, dass sie es schlichtweg verlernt haben.

Interessanterweise wurde auch genannt, dass die Arbeit teilweise der Rückzugsort und die Erholung war, wenn z. B. zuhause „die Luft brannte". „Nun, wir kennen Menschen, die haben ihren Stressor vor zwanzig Jahren geheiratet." (Zitat Wissing 2012)

8.6 Der Versuch, mit dem LS-Syndrom umzugehen

Einige aus unserer Betroffenengruppe gaben an, sich die ersten Tage der Ferien aktiv zu beschäftigen, um nicht in „das Loch" zu fallen, sondern ihr Stresslevel langsam zu reduzieren. Andere versuchen bewusst, den Stress erst gar nicht so massiv aufkommen zu lassen, indem sie planen die Arbeit pünktlich zu verlassen, sich keine Arbeit mit nach Hause zu nehmen und kein schlechtes Gewissen deswegen zu haben, „was ein täglicher innerer Kampf ist". Zusätzlich versuchen sie, Ressourcen- wichtige Lebensfelder, neben der Arbeit aufzubauen und aktiv zu pflegen.

Wenn Symptome im Anmarsch sind....
Wenn Betroffene merken, dass Symptome im Anmarsch sind, variieren die Reaktionen. Manche machen einfach gar nichts, da sie nicht wissen was sie machen können – da sie keine Coping-Strategien haben, auf die sie zurückgreifen können. Andere nutzen Gedanken, wie „Ich bin gesund und werde jetzt ein entspanntes Wochenende mit meinen Freundinnen haben", um die Symptome zu verlangsamen oder gar zu vertreiben. Gerade Gedanken und die damit verbundenen inneren Bilder sind bekanntermaßen mächtig. Positive Gedanken wie „Heute gehe ich in Ruhe mit meinen Kindern im Park spazieren" und die damit verbundenen *positiven* inneren Bilder haben einen starken positiven Einfluss auf unser Wohlbefinden. Nehmen wir nur einmal das Gegenteil: Ein negativer Gedanke, der ja auch nur „gut" gemeint ist – „hoffentlich bin ich dieses Wochenende nicht schon wieder krank im Bett. Ich hasse es in diesem Zimmer zu liegen, die Vorhänge zu verschließen und Schmerztabletten wegen

meines Rückens zu nehmen". Merken Sie den Unterschied dieser zwei Gedanken? Gedanke eins suggeriert eine positive Situation, die uns Menschen hilft, auch in genau diese Richtung „zu gehen", wobei Gedanke zwei den *Negativtouch* hat, da wir uns die befürchtete Situation bildlich vor Augen halten und so verinnerlichen (Matthiews 2012).

Andere gehen Symptome mit aktivem Zeitmanagement an, mit einer speziellen Diät, mit Homöopathie oder mit aktiv in die Natur gehen – diese erleben und runterzukommen, mit Sport oder Wellness. Alles, was die *Positivspirale* antreibt.

Angewandte Methoden, um sich „runterzuholen" und gegebenenfalls zu entspannen, waren Atmungsübungen, die helfen, Symptome zu lindern. Andere versuchten, ihre inneren Ansprüche und Anforderungen zu verringern, um ihr Leben als weniger stressvoll zu erleben. Die anstehenden Aufgaben zu priorisieren und so einen besseren Überblick über das „Ganze" zu bekommen, beruhigte manche und reduzierte ebenso das Stressempfinden.

8.7 Was bieten Firmen an?

Die meisten Firmen, für die unsere Betroffenengruppe arbeitete, boten spezielle Kurse an. Stresspräventions- oder Anti-Burnout-Seminare, eine Laufgruppe, Fitnessstudio und vieles mehr wurde zur Verfügung gestellt. Jedoch wurden diese Angebote oftmals von denen, die sie dringend benötigten, nicht genutzt. Dies hatte verschiedene Gründe. So manche/mancher möchte ihre/seine Kollegen nicht sehen, wie sie gestresst von A nach B rennen, um in ihrer Pause noch 30 min Sport „reinzuquetschen". Andere assoziierten diese Angebote mit Arbeit und wollten nicht noch mehr Zeit „auf der Arbeit" verbringen und wieder andere wollten ihre freie Zeit lieber für „richtige Unternehmungen" verwenden.

Betroffene stimmten den Erklärungsansätzen von Vingerhoets zu
Manche Betroffene wendeten Übergangsrituale an und gaben an, dass ihnen z. B. das Radfahren von der Arbeit nach Hause, oder das Hören von Musik im Zug zur Arbeit, einen „Cut" gäbe. Eine andere genannte Strategie war: Während der Zeit im Übergangsritual nicht über Arbeit zu sprechen und soweit es möglich ist, auch nicht daran zu denken, sondern aktiv Themen aus einem anderen Lebensbereich als Kommunikationsthema zu wählen. Diese Strategien funktionierten allerdings nur, wenn der Arbeitsstress sich in einem mittleren Level aufhielt.

8.8 Unsere Persönlichkeit und das LS-Syndrom

Speziell das Thema über den Persönlichkeit-Faktor, interessierte viele Betroffene. Viele glaubten, dass gerade sie als Migränepatient stark zum Perfektionismus neigten und sehr ehrgeizig seien. Es zeigte sich ganz klar, dass Betroffene keine adäquaten *Coping-Strategien* kannten und anwandten, um mit Stress und Frustrationen umzugehen. Speziell der Perfektionismus – die Sorge, den inneren Ansprüche nicht zu genügen – belastete Betroffene stark, da sie Aufgaben nicht abgeben konnten, weil die Resultate ihren Ansprüchen nicht genügen und einfach nicht „gut genug" seien.

Viele LS-Betroffene gaben an, dass sie anscheinend besonders taff, stark und eigenständig wirkten und ihr soziales Umfeld teilweise gar nicht merkte, wie sehr sie kämpfen müssen und in Wirklichkeit gar nicht taff waren.

Fast jeder Betroffene tendierte dazu, seine Freizeit mit obligatorischen Aufgaben vollzustopfen und so die „To-do-Liste" in der Freizeit abzuarbeiten. Zusätzlich zeigte sich, dass viele Betroffene extrinsisch motiviert waren, was heißt, dass ihr Handeln von äußeren Reizen wie Belohnung z. B. Anerkennung und Bestrafung motiviert wird und nicht durch ein Interesse an der Aktivität selber. Wenn die „To-do-Liste" nicht abgearbeitet wurde, empfanden viele Betroffene eine innere Unruhe und Rastlosigkeit.

> **Peter Buchenau**
> Interessanterweise habe ich gerade in der Woche des Schreibens dieses Abschnittes ein Mentoring bei einem der erfolgreichsten deutschen Unternehmensberatern genießen dürfen. Seine Aussage zu To-do-Listen war: „Jeder, der To-do-Listen führt, erledigt seine Arbeit nicht. Er verschiebt die Arbeit nur auf einen späteren Termin." Mir gefällt dieser Ansatz sehr gut und ich überlege nun selbst, wie ich To-do-Listen eliminieren kann.

Zu den weiteren obligatorischen Aufgaben gehört, das eigene Leben zu organisieren und speziell den Haushalt zu erledigen. Beide Punkte wurden von LS-Betroffenen als besonders stressig empfunden.

8.9 Was hilft?

Eine Kombination aus Stressreduktionsmethoden und eine Form von individueller Unterstützung/Analyse wurden als hilfreich angesehen, da Betroffene glaubten, dass ein Input von jemand Außenstehendem ihnen hilft, ihre Gedanken und Verhalten positiv zu verändern. In der Tab. 8.1 finden Sie Vorschläge für die Gestaltung der Arbeitsumgebung und der Freizeit.

Tab. 8.1 Vorschläge für die Arbeitsumgebung und für die Freizeit

Arbeit	Eine feste Zeit festlegen, in der das Telefon umgeleitet wird, um den allgemeinen Stimuli niedrig zu halten und produktiver arbeiten zu können
	Schon existierende Methoden erweitern, z. B. den Mitarbeitern zu helfen, sich von Freizeitstress zu entlasten (Liste von Scheidungsanwälten, mögliches Pflegepersonal für pflegebedürftige Eltern)
	Nach der Arbeitszeit nicht mehr erreichbar sein (z. B. das Diensthandy abgeben), kein „Home-Office" haben, sondern eine örtliche Trennung von Arbeit und Privatleben
	Seminare anbieten, in denen man lernt, wie man ohne schlechtes Gewissen delegieren kann
	E-Mails blockieren, wenn man Ferien hat und gefilterte E-Mails erhalten, wenn man aus dem Urlaub wiederkommt
	Eine Verbesserung des Zeitanagements für Mitarbeiter, z. B. kein Meeting von 10 bis 13 Uhr und dann Anschlusstreffen im anderen Haus von 13 bis 18 Uhr
	Nicht nur Mitarbeiter, sondern auch „hohe Tiere" sollten SRM nutzen („Top-Down-Approach") und diese als Vorbildfunktion „leben"
	Neue Mitarbeiter sollten von Anfang an an dieses „Firmenambiente" herangeführt werden, es als selbstverständlich empfinden und schnell integriert werden
	Firmen sollten Massagen anbieten
Freizeit	Die eigene Freizeit gleichwertig zur Arbeit priorisieren und so z. B. wohltuende Aktivitäten in der Freizeit fest zu terminieren
	1 bis 2 Tage vor und nach dem Urlaub frei nehmen, um sich ohne Stress um das Gepäck, den Haushalt wie auch andere organisatorische Dinge widmen zu können
Persönlichkeit	Delegieren lernen, ohne ein schlechtes Gewissen zu haben
	Die eigene Situation und das Wohlbefinden häufig scannen; die Laune, die Sinnhaftigkeit der Tätigkeit, sich die eigene Lage bewusst machen
	Die eigenen Selbstansprüche verringern, um innere Ruhe und Gelassenheit zu erlangen
Regierung/Politik	Eine bessere Kombination von Familien- und Arbeitsleben

Literatur

Balsereit, B., & Möller, C. (2013). *Leisure Sickness: A qualitative approach to reduce the phenomenon – from a company's point of view*. Internationale Hochschule Bad Honnef-Bonn.

Matthiews. (2012). *So geht's dir gut*. Vak-Verlag.

9 Was sagen Experten? – Resultate der Experteninterviews

Birte Balsereit befragte die folgenden Experten Jens Reppahn, Thomas Wissing, Ingrun Kiel und Peter Buchenau zu dem Thema Leisure-Sickness-Syndrom befragt.

Jens Reppahn ist Diplom-Sozialarbeiter mit Zusatzausbildungen, u. a. als Suchttherapeut und als systemischer Berater. Er arbeitet heute als Mitarbeiter- und Führungskräfteberater und unterstützt Unternehmen bei psychosozialen Fragestellungen.

Thomas Wissing ist Dip. CBT, hat breite psychologische Berufsspektren und viele Jahre Anwendungserfahrungen, so unter anderem beim Coaching und Mentoring und als Diskussions-, Musik-, Hypnose- und Verhaltenstherapeut, wie auch Experte in philosophischen Fragen.

Ingrun Kiel studierte Archäologie mit Schwerpunkt Medizin und Tanz. Heute arbeitet sie als integrative Tanztherapeutin DGT, spezialisiert im Bereich Depression und Paartherapie. Sie bringt viele Jahre Erfahrung in psychologischen Kliniken mit.

Peter Buchenau gilt als der Chefsache-Ratgeber im deutschsprachigen Raum. Der mehrfach ausgezeichnete Führungsquerdenker ist ein Mann von der Praxis für die Praxis, gibt Tipps vom Profi für Profis. Auf der einen Seite Vollblutunternehmer und Geschäftsführer der eibe AG, einem der Marktführer für Spielplätze und Kindergarteneinrichtungen, auf der anderen Seite Redner, Bestsellerautor, Kabarettist und Dozent an Hochschulen. Seinen Karriereweg startete er als Führungskraft bei internationalen Konzernen im In- und Ausland, bis er schließlich 2002 sein eigenes Beratungsunternehmen gründete. Buchenau war unter anderem Berater, der mit den Büchern Chefsache Gesundheit und Chefsache Prävention dieses Thema medienwirksam in die Führungsetagen trug.

Wie anfangs unseres Buches schon erwähnt, schlägt Vingerhoets sieben Hauptgründe für das LS-Syndrom vor. Hier eine kurze Erinnerung:

1. *Der „Lebensstil-Unterschied in Frei- vs. Arbeitszeit"*
   Tiefreichende Veränderungen des Lebensstils in Bezug auf den Übergang von Arbeit zu Freizeit, wie z. B.: Koffein- und Alkoholkonsum wie auch Schlafgewohnheiten.
2. *„Die Stresslevel-Abwesenheits-Schwächung"*
   Die Abwesenheit eines (hohen) Stress-Levels kann zu einer Schwächung des Immunsystems führen.
3. *Probleme in dem „Power-zu-Ruhe-Übergang"*
   Psychophysiologische Probleme, ausgelöst durch den Übergang von Alltagsstress zu Freizeit und Ruhepausen
4. *„Der Sekundäre-Krankheits-Imagegewinn"*
   Eine höhere Aufmerksamkeit des Sozialen Umfeldes im Falle des Auftretens der Symptome
5. *„Die Symptomsensibilisierung"*
   Eine Sensibilisierung auf die Symptome aufgrund der Reduzierung/Reduktion von Arbeit.
6. *„Der-bessere-Krankheitszeitpunkt-Finder"*
   Ein Aufschub der Krankheit: Krankheiten unbewusst auf einen „besseren" Zeitpunkt verschieben wie z. B. Freizeit.
7. *„Der Ich-Faktor"*
   Persönlichkeit

▶ Stimmen Experten diesen Aussagen zu? Welche Gedanken haben sie zu den Gründen/Ursprüngen des LS-Syndroms?

Alle Experten stimmen Vingerhoets Gründen im Wesentlichen zu. Ganz besonders der hormonelle Begründungsansatz ist vielen vertraut, da es eine normale Stressreaktion des Körpers ist, die bei kurzanhaltenden Stresssituationen von Vorteil ist. Bezüglich der Verbindung zwischen dem Immunsystem und der Abwesenheit von Stress wurde ausgeführt, dass Stresshormone wie Adrenalin, Noradrenalin und Kortisol *immunsuppressiv/immunsupprimierend* sind und deswegen Menschen mit einer hohen Ausschüttung ein verringertes

Risiko aufzeigen, krank zu werden. Wenn dann der Stresslevel sinkt, und so der Level der Stresshormone ebenfalls sinkt, wie z. B. in den Ferien, haben Krankheitssymptome „freie Bahn", um auszubrechen. Der gleiche Zustand im Zusammenhang mit chronischen, also langanhaltenden Stresssituationen, führt dann zu einer Überreizung des Immunsystems, was dann Krankheitssymptomen wiederum „freie Bahn zum Ausbrechen" gibt (Wissing 2012).

Ein anderer sehr wichtiger Punkt, dem zugestimmt wurde, ist der sogenannte *sekundäre Imagekrankheitsgewinn:* wenn eine Person krank ist, bekommt sie automatisch mehr Aufmerksamkeit von ihrem Umfeld. Es wird zugestimmt, dass im „Falle der Krankheit" der Betroffene mehr Aufmerksamkeit von seiner Umgebung erfährt und so oftmals weniger Verpflichtungen hat und keine Entscheidungen fällen muss und „sich einfach mal um einen gekümmert wird". Einer unserer Experten fügte einen Gedanken hinzu: „Was bedeuten Krankheiten in der eigenen Familie und welche Funktion und Wertigkeit haben diese? Dieses Verhalten des Krankseins kann z. B. unbewusst genutzt werden, um bestimmte Dinge/Aufgaben zu vermeiden und z. B. besondere Fürsorge vom Partner zu bekommen" (Kiel 2012).

Bezüglich des Überganges von Arbeit zu Freizeit empfehlen die Experten ein Übergangsritual einzuführen, welches bewusst genutzt werden sollte, um das Ende des Arbeitstages einzuläuten und zu kennzeichnen (Wissing 2012).

Es wurde zugestimmt, dass Arbeit bei jedem Menschen die Wahrnehmung von Krankheitssymptomen reduziert.

Bezüglich des Punktes „Persönlichkeit" wurde hinzugefügt, dass „*Der-Innere-Sklaventreiber*" (Wissing 2012) und die eigenen Kognitionen wichtig sind („Hans ‚werd' jetzt bloß nicht krank"). Wenn man dann nach einer langen Stressphase in den Erholungsmodus schaltet, kann das Immunsystem schon so geschädigt sein, dass man sehr einfach krank werden kann. Einige Menschen denken in diesen Erholungsphasen über ihre psychologischen Probleme nach, wohingegen man in der Arbeitswoche einfach nur funktionieren muss und deswegen keine Symptome wahrgenommen werden können.

▶ Wie stehen die Experten der folgenden Aussage gegenüber? Täglicher Stress beeinflusst psychische und mentale Gesundheit. Studien zeigen, dass täglicher Stress und der daraus hervorgerufener emotionaler Zustand Krankheiten wie Infekte, Immunschwächen, bestimmte Arten von Krebs, Allergien und Auto-Immun Krankheiten verschlimmern kann.

Die Dauer und Intensität von Emotionen sind verbunden mit dem Stresslevel des Körpers. „Wenn Stress kein Ventil finden kann, können Menschen leicht krank werden" (Wissing 2012). Auf der anderen Seite ist es ebenso „schädlich", keine Art von Stress oder Aufregung zu erleben. Allerdings sollte in diesem Zusammenhang angemerkt werden, dass positiver Stress (Eustress) von Vorteil ist um Leistung zu erbringen, und Menschen diesen Zustand brauchen, um zu „funktionieren" und um sich wohl zu fühlen.

▶ Einige Forschungsresultate legen es nahe, dass langanhaltende Stresssituationen der Hauptgrund für LS-Symptome wie Migräne sind. Meinen Experten, dass Stress einer der Hauptgründe für das LS-Syndrom ist?

Die Experten sind sich einig: Negativer Stress (Disstress) ist einer der Hauptgründe für das LS-Syndrom. Es stellt sich jedoch die Frage, ob dies nicht mit dem individuellen Erleben von Stress zusammenhängt. Manche Menschen „machen sich Stress", wo andere eventuell noch gar keinen Stress empfinden und die Situation als stressfrei definieren. Dann wäre es naheliegend, dass gerade diejenigen unter dem LS-Syndrom leiden, die empfänglicher für Stress sind.

Unsere Experten stimmen zu, dass Stress individuell anders empfunden wird – abhängig von den eigenen Bewertungsmustern und Einstellungen – manchmal bewusst, manchmal unbewusst. Demnach verursacht das gleiche Geschehnis in Hans hohe Aufregung, Günther dagegen tangiert es allerdings rein gar nicht.

„Ruhige und gefasste Menschen haben eine innere Stabilität" (Wissing 2012), welche dazu führt, dass sie Dinge weniger stressig wahrnehmen und empfinden. Menschen, die eine geringere innere Stabilität haben, nehmen sich tendenziell viel zu Herzen und erleben so Dinge als stressiger.

Bezüglich des Arbeitsalltages ist es wichtig, wie viel Kontrolle die Person empfunden hat. Allgemein wird vorgeschlagen, sich selbst einmal zu analysieren. Wie angespannt ist mein Körper gerade? Ideal wäre es, während des (Arbeits)-Tages ein mittleres Level an Anspannung zu haben. Allerdings ist dies leichter gesagt als getan, da viele von uns leider extrem angespannt den ganzen Tag herumeilen und abends versuchen, in einen vollständigen Erholungszustand zu gelangen. Diese extremen Zustände beanspruchen uns sehr.

▶ Menschen, die sich „selbst den Stress machen", wo andere eventuell noch gar keinen Stress empfinden, sind also tendenziell anfälliger für das LS-Syndrom?

Alle Experten sind sich einig, dass besonders die Menschen, die sich „selbst den Stress machen", anfälliger für das LS-Syndrom sind. Es ist wichtig zu wissen, welchen Wert „Arbeit" für die jeweilige Person hat. Wieviel steuert Arbeit zu der eigenen Selbstidentifizierung bei? Wieviel Anerkennung hat man in seiner Kindheit dafür bekommen und wieviel braucht man heute? Wie geht man damit um? Es wird erneut deutlich, dass das individuelle Empfinden von Stress von den eigenen Bewertungsmustern und Einstellungen abhängt, die teilweise bewusst, teilweise unbewusst ablaufen.

▶ Würde es Sinn machen, so wenig Anpassung wie möglich in der Arbeitsumgebung zu verlangen, um den Übergang von Arbeit zu Freizeit zu erleichtern? Würde weniger Anpassung zu weniger empfundenem Stress führen?

Einige Experten stimmen zu, dass Anpassung eine Art von Anstrengung repräsentiert. Diese muss allerdings nicht zwangsläufig in Krankheiten enden, sondern ist oftmals unter den richtigen Bedingungen mit Gesundheit verbunden und wird vom Menschen regelrecht gebraucht. Allerdings ist der optimale Anstrengungslevel individuell. Aus diesem Grund kann man nicht pauschal sagen, dass Anpassung am Arbeitsfeld gleichzeitig Stress für den Mitarbeiter bedeutet.

Es wurde auch gesagt, dass Anspannung heißt, sich selbst zu spüren und im Kontakt mit sich selbst, seiner Vitalität und Energie zu sein – was alles Elemente von Gesundheit sind. Dieser Zustand kann kranken Menschen helfen wieder gesund oder zumindest gesünder zu werden. Deshalb ist dieser Energieaufwand positiv zu sehen, da er nicht immer negativen Stress für die Person heißen muss. Menschen seien dazu gemacht, sich anzupassen und wenn Anpassung manchmal sogar Selbstverwirklichung ist, kann es sogar Spaß machen.

Andere Experten meinen, dass Anpassung keine Anstrengung erfordert und so auch keinen Stress auslösen muss. Der Mensch braucht allerdings eine gewisse Art von Planungssicherheit und Vorausschaubarkeit. Diese stehen im Zusammenhang mit Wohlbefinden. Eine Abwesenheit dieser Arbeits-Charakteristika führt zu Unwohlsein, da Unsicherheit erzeugt wird. Wenn routinierte Prozesse verändert werden, löst dies meist latente Unsicherheit aus. Deshalb können – müssen aber nicht – Veränderungen und Anpassungen Stress auslösen, jedoch ist hier auch wieder die Frage, wie die jeweilige Person die Situation bewertet und damit zurechtkommt. Eine ideale Arbeitsumgebung wäre diejenige, in der viel Routine vorherrscht, die allerdings nicht zu einer Reduzierung der Motivation und Kreativität führt. „Wenn sich also eine Firma rapide verändert, sollten die Mitarbeiter in diesem Prozess nicht vergessen werden" (Reppahn 2012).

▶ Kann es sein, dass LS-Betroffene nicht genug oder adäquate Coping-Strategien haben?

Einige Experten vertreten die Meinung, dass LS-Betroffene keine effektiven Coping-Strategien kennen und sie daher auch nicht anwenden können. Andere sagen, dass viele Menschen mit genügend Strategien ausgerüstet sind, sie jedoch nie die benötigte Disziplin gelernt haben, um diese auch kontinuierlich anzuwenden. Diese Menschen hören auf, die ihnen zur Verfügung stehenden Strategien anzuwenden, da sie erschöpft sind. Allgemein kommt es jedoch oftmals auf die individuelle Situation an. „In manchen Lebenslagen helfen unsere Strategien sehr gut, in anderen sind sie nutzlos" (Kiel 2012).

Hinzu kommt diese innere Stimme – die eigenen *Kognitionen*.

▶ „Dysfunktionale Kognitionen – der mentale Trojaner."

„Der Mensch versucht alle ihn anströmenden Sinneseindrücke einzuordnen, zu benennen und vor dem Hintergrund seiner bisherigen Erfahrungen und Werte zu bewerten oder zu interpretieren. Deshalb sind Kognitionen nie objektive Wirklichkeit, sondern immer eine Auswahl an Interpretation von einem Individuum. Die Wirklichkeit bedingt die Interpretation. Die Interpretation bedingt die Wirklichkeit. Dysfunktionale bedeutet hier ‚ungünstig', ‚unpassend' oder ‚behindert'. Die konstruierte Wirklichkeit wird als übertrieben gefährlich oder bedrohlich angesehen obwohl sie dies eigentlich objektiv nicht ist. Diese verzerrte Sicht der Realität des Individuums festigt immer wieder eine weitere Reihe von typischen logischen Fehler. Aus diesem Grunde ist es wichtig, dass Sie so früh wie möglich Ihre Kognition in der Realität überprüfen." (Wissing 2012)

Teilweise können diese äußerst dysfunktional, also unpraktisch sein, wie z. B.: „Ich bin nur ein wertvoller Mensch, wenn ich kontinuierlich hart arbeite", „Jede Autorität soll mich lieben" oder „Für jedes Problem gibt es nur eine Lösung". Wenn diese innere Stimme ständig sagt: „Ich muss perfekt sein und immer nett sein", empfindet die Person einen hohen Level an Stress, da sie einfach nicht abschalten kann. „Diese Kognitionen lösen also Stress aus und machen Betroffene anfälliger für Stressempfindungen. Oftmals fühlen sich diese Menschen wie Verräter ihrer Arbeit gegenüber, wenn sie Pausen machen oder sich ausruhen." (Wissing 2012)

▶ Könnten sich positive Ereignisse negativ auf das LS-Syndrom auswirken?

Positive Ereignisse können sich negativ auf das LS-Syndrom auswirken, da sich auch hier wieder die Frage nach der Dauer und der Intensität der Emotionen stellt. Deswegen kann man in diesem Zusammenhang sagen: Stress ist Stress. Jedes psychologische Problem ist ein emotionales Problem, jede Emotion ist durch die individuelle Bewertung erzeugt und dadurch, wie die Person die Welt wahrnimmt. „Wie ich die Welt sehe, ist, wie ich die Welt wahrnehme" (Wissing 2012).

Auch hier spielt es eine Rolle, wie die Person gelernt hat, mit Veränderungen umzugehen. „Es gibt Menschen unter uns, die ständige Veränderung brauchen und ohne diese gar nicht leben können." (Kiel 2012) Eine andere Meinung ist, dass „positive Ereignisse uns in eine positive Aufwärtsspirale bringen und so das LS-Syndrom verringern." (Reppahn 2012)

▶ Was sagen Experten zu den folgenden Aussagen?

- Ein stressiges Leben beinhaltet ein höheres Risiko, von dem LS-Syndrom betroffen zu sein.
- Je mehr Engagement, Beteiligung und Commitment eine Person hat, desto höher ist das Risiko für diese Person, das LS-Syndrom zu haben.
- Ehrgeiz ist mit LS verbunden.
- Menschen, die ihre Arbeit alleine machen wollen, ohne etwas zu delegieren, zeigen ein höheres Risiko von LS auf.
- Menschen, die sagen, dass Arbeit das wichtigste in ihrem Leben ist, zeigen eine Tendenz zu LS.
- Menschen mit einem ausgeprägten Pflichtbewusstsein sind eher von LS-typischen Persönlichkeitsmustern betroffen.

Die befragten Experten haben keine einheitliche Meinung zu diesen Statements.

Sie stimmen zu, dass die vier genannten Charakteristika (Ehrgeiz, Commitment, Beteiligung und Engagement) typisch für LS-Betroffene sind, allerdings führt Stress nicht in jedem Fall zu LS, da Menschen ein gewisses Stresslevel und Aufregung brauchen. Es fördert das *Nicht-Krank-Werden* in stressigen Situationen. Jedoch sind auch Erholungsphasen essenziell, um nicht krank zu werden. Es ist eine Frage der Interaktion zwischen Lebensumständen und individuellen Bewertungen und Einstellungen. Jedoch, stelle ein stressiges Leben ein größeres Risiko darstellt, um eines Tages von LS betroffen zu sein. Es wird zugestimmt, dass LS oftmals in einer Verbindung mit besonders ehrgeizigen Menschen steht. Menschen, die ihre Arbeit alleine machen wollen, Menschen, die sagen: „Arbeit ist das wichtigste in meinem Leben" und Menschen, die ein hohes Maß an Verantwortungsbewusstsein haben.

Wir möchten Ihnen ein Beispiel geben, wo Stress und „Viel-zu-tun" und die eigenen Bewertungsmuster zusammenspielen. Wenn eine Person ihre Arbeit nicht als Arbeit definiert, sondern als etwas, was er/sie gerne macht, haben diese Aufgaben einen positiven Beigeschmack. Demnach kann den Statements nicht zugestimmt werden. Wenn Menschen allerdings Arbeit rein als Arbeit definieren, kann es einen negativen Beigeschmack haben und so kann diesen Statements sehr wohl zugestimmt werden. Es ist und bleibt eine Frage der Beurteilung und Sichtweise.

▶ Eine unveröffentlichte Studie der Internationalen Hochschule Bad Honnef-Bonn zeigt, dass LS- Betroffene kein Problem aufzeigten, sich von ihren Arbeitsaufgaben mental zu lösen. Was denken Experten über diesen Fund?

Die Mehrheit der Experten hat die Erfahrung gemacht, dass LS-Betroffene ihre Arbeit und beruflichen Pflichten in der Freizeit nicht loslassen können. Sie haben einen besonders hohen Stresslevel während der Arbeitswoche, und am Wochenende wollen sie sich deshalb auch auf dem wohlverdienten *Maximallevel* erholen.

Jedoch ist das Dilemma folgendes: Um gesund zu sein und zu bleiben, sollte der Stresslevel nicht sinken. Allerdings führt langanhaltender Stress irgendwann zur Krankheit. „Menschen, die nicht krank werden, wenn der Stress wegfällt sind

a. die ‚ruhigen', die nicht alles so ernst nehmen, oder
b. diejenigen, die zusätzlichen Freizeitstress suchen, die mit hoher Wahrscheinlichkeit irgendwann sehr krank mit Burnout oder Depression enden." (Wissing 2012)

Hier spielt auch wieder die Frage mit hinein: was bewertet die Person als sinnvolle Beschäftigung in der Freizeit? „Wenn die Person mit dem Muster ‚Liebe für Leistung' aufgewachsen ist, kann es durchaus passieren, dass der/die Betroffene sehr ehrgeizig ist, immer etwas zu tun haben muss und demnach nicht ruhen kann." (Kiel 2012)

Gerade die moderne Technik spielt hier eine Rolle. Man ist allzeit und überall erreichbar und arbeitsbereit. So sind viele Menschen selbst in ihrer Freizeit mit ihrer Arbeit beschäftigt oder denken zumindest daran und können nicht abschalten – im wahrsten Sinne des Wortes. Man checkt nur noch einmal kurz seine E-Mails um „sicher" zu gehen, dass nichts Wichtiges angekommen ist und man nichts Weltbewegendes verpasst hat, mit dem Ziel sich nach dem Check ganz und gar entspannen zu können. Leider keine gute Idee, denn genau diese Handlungen erzeugen auch wieder Stress.

▶ Welche Stressform ist am wichtigsten im Zusammenhang mit dem LS-Syndrom und welche Art von Stress belastet LS Betroffene wohl am meisten?

Die Experten gaben eine weite Spanne von Antworten an. Verschiedene Arten von Stress könnten die Arbeits- oder materielle Sicherheit betreffen oder im sozialen Umfeld liegen, so z. B. Scheidungen und Todesfälle.

Das LS-Syndrom zeigt eine Ähnlichkeit zur Burnout-Spirale auf. Menschen kennen das Verhältnis zwischen Arbeit und Krankheit, aber keine Lösung für ihr Problem. Eine Meinung war, dass Stress immer Stress ist und den schwächsten Punkt im Körper sucht, um auszubrechen. Arbeitsstress muss nicht die stärkste Stressquelle sein, es können auch Freizeitaktivitäten sein, die den Stress auslösen. Wie schon in Kap. 8.5 erwähnt, manche haben ihren *Stressfaktor Number One* vor vielen Jahren geheiratet. (Wissing 2012)

Andere Antworten waren, dass eine wichtige Art von Stress a) die Kombination von einer hohen Zuverlässigkeit und einem hohen Zeitdruck ist oder b) das Fehlen von wahrgenommener Freiheit und Selbstkontrolle, so also, wenn Arbeitnehmer Aufgaben erledigen sollen, die sie nicht mögen. „Hier ist auch wieder wichtig, es ist die Frage nach der Dauer und Intensität der Emotionen" (Wissing 2012). Ein Faktor, der ganz sicher einen Großteil des Drucks und Stresses auf LS-Betroffene ausübt, ist der eigene Perfektionismus.

▶ Würden Stressreduktionsmethoden (SRM) demnach das LS-Syndrom reduzieren und/oder vorbeugen?

Die Experten sind sich einig, dass SRM das LS-Syndrom reduzieren, wenn auch nur für eine kurze Zeit und immer vorausgesetzt, es werden die richtigen Methoden angewandt. Es gibt keine Wundermethode, die bei allen Menschen hilft. Vielmehr kommt es auf die individuellen Bedürfnisse an. Es kann jedoch mit Sicherheit gesagt werden, dass jedes Auslassen von Stress LS-Prävention ist. Für die langfristige Verbesserung raten Experten neben SRM zu einer Veränderung von bestimmten Lebenseinstellungen. Zusätzlich sollten sich Betroffene darüber bewusst werden, dass man sich manchmal durch die eigenen Bewertungsmuster den Stress „selber macht".

▶ Dadurch, dass es sich um chronischen Stress handelt, würde es folglich nicht Sinn machen, während der Arbeitszeit Methoden anzubieten, die helfen können, das LS-Syndrom anzugehen?

Die Experten sind sich über alle Maßen einig, dass es sehr hilfreich wäre, wenn der Arbeitgeber während der Arbeitszeit z. B. SRM anbieten würde. Dies wird unabhängig von der Art des Stresses empfohlen. Diese Methoden sollten kontinuierlich ausgeübt werden, damit Arbeitnehmer entspannter an ihre Aufgaben herangehen können. Solange die Person offen gegenüber diesen Methoden ist, stellen diese ein hohes Erfolgspotenzial dar. „Leider ist es oft der Fall, dass Menschen, die sehr tief im LS-Syndrom drinstecken, diese Methoden als eine Zeitverschwendung ansehen und zusätzlich genervt und gestresst sind". (Kiel 2012)

▶ Bringen implementierte SRM während der Arbeitszeit eine langfristige Befreiung vom LS-Syndrom? Wie stehen Sie in diesem Zusammenhang dazu, dass körperliche Aktivitäten eine Methode zur Steigerung der inneren Balance sein können?

Körperliche Betätigung ist die Basis, um Stress zu reduzieren. Da Sport besonders gut dazu geeignet ist, überflüssige Energie loszuwerden und sitzende Tätigkeiten auszugleichen, gilt Sport als Stressprävention. Heutzutage werden ausgeschüttete Stresshormone nicht mehr genutzt, um z. B. zu fliehen, und so bleiben sie im Blut und können Krankheiten begünstigen (sich in Form von Krankheiten manifestieren). Diese sportlichen Aktivitäten sollten – wenn möglich – mit Spaß ausgeführt werden, da sie sonst den *Positivtouch* verlieren. Sport kann ein Element von Konkurrenz und Wettbewerb beinhalten, was auf manche Menschen Stress ausübt – je nachdem, wie die individuellen Erfahrungen mit Wettbewerb erlernt wurden und heute bewertet werden. Tanztherapie wurde ebenfalls als eine hervorragende Methoden erwähnt, „um sich selbst in Balance zu halten, da man während des Tanzens seinen ganzen Körper spürt, in einer Gruppengemeinschaft ist und sich kreativ ausdrücken kann". (Kiel 2012)

Pauschal kann man jedoch sagen: Niemand kann eine andere Person „entspannen". Der Wunsch und die Initiative können nur aus der Person selbst entstehen. Firmen können tolle Programme anbieten, allerdings werden diese nicht wirksam sein, solange die Person ihre *„Negativ-Bewertungs-Brille"* (Wissing 2012) aufhat, mit der sie die Welt sieht und interpretiert. Wenn einmal eine innere Stabilität und eine gewisse Art von Ruhe und Gelassenheit eintreten, dann können SRM höchst wirksam sein. Deshalb sollten Firmen einige Schritte früher ansetzen, nämlich an dem *Wahrnehmungs-Punkt* der Person. Atemtechniken können helfen die Symptome zu lindern, allerdings gehen sie nicht das Kernproblem an.

▶ Was halten Sie von täglichen Extra-Pausen während der Arbeitszeit?

Die Experten haben verschiedene Meinungen zu den 5–15 min Extra-Pausen. So argumentieren manche, dass es sinnvoll sei, die *Extra-Pausen* während der Arbeitszeit anzubieten, da Firmen teilweise noch nicht einmal die normalen Pausen einhalten. Oftmals wird sich leider während der Pausen gar nicht erholt, sondern es ist mit Arbeit verbunden. Andere Länder sind auf diesem Thema sensibilisierter und unterstützen z. B. den berühmten „Power Nap" (z. B. Japan) oder bieten aktive Bewegungsprogramme am Arbeitsplatz an.

Raucher haben, aus dieser Sichtweise des LS-Syndroms, einen Vorteil den anderen Mitarbeitern gegenüber. Sie haben viele kleine Pausen, die oftmals als selbstverständlich betrachtet werden. Wäre es nicht gerade hier auch interessant zu forschen wie sich das LS-Syndrom bei Rauchern und Nichtrauchern verhält?

Manche Experten argumentieren, dass es nicht eine Frage der zu vielen Arbeit ist, sondern zu wenige schöne Aktivitäten. Deshalb ist es gleich, ob eine Person zwei Stunden Pause einlegt oder für zwei Minuten auf ein nettes Bild schaut; „jede Person ist einzigartig und entspannt auch so" (Wissing 2012). Andere Meinungen beinhalten, dass zusätzliche, kontinuierliche Pausen vorteilhaft sind, wenn diese frei gewählt werden können. Eine generelle Lebenseinstellung könnte sein: „Lebe die *50-Minutenstunde*" (Buchenau 2012), wie schon im Buch früher beschrieben.

▶ Wie wichtig ist das eigene soziale Umfeld und wie wichtig ist dies, um mit dem LS-Syndrom umzugehen?

Wenn wir von einem gut funktionierenden sozialen Gefüge ausgehen, wenn also das Umfeld die Person z. B. darauf hinweist, dass er/sie zu viel arbeitet, sich zu viel vorgenommen hat und/oder sich mehr Pausen gönnen sollte, unterstützt es Menschen mit dem LS-Syndrom, umzugehen und wirkt sich höchst wahrscheinlich positiv aus. Vielen Menschen hilft es, die „Erlaubnis" von ihrem sozialen Umfeld zu bekommen, um z. B. Aufgaben zu priorisieren und sich Zeit für sich selbst zu nehmen.

Allerdings werden Freunde, Familie und Partner oftmals als zusätzliche Stressquelle beschrieben – „mein Partner nörgelt so viel und hilft nicht im Haushalt, ich muss meine Eltern pflegen oder mein Kind muss heute noch in den Nachhilfeunterricht". Trotzdem: jemanden zum Sprechen zu haben und einfach Zeit mit der Person zu verbringen, hilft vielen Menschen mit ihren Problemen umzugehen. „Wenn jemand jedoch zu tief in seinen/ihren negativen Mustern gefangen ist, kann das soziale Umfeld die Person eventuell nicht mehr erreichen und dringt nicht mehr durch". (Kiel 2012)

▶ Sollten Firmen Trainings und Methoden anbieten, damit ihre Mitarbeiter erst gar kein LS-Syndrom entwickeln?

Alle befragten Experten sind sich einig; Firmen sollten definitiv Methoden anbieten, ganz alleine aus ihrem eigenen Interesse heraus, damit ihre Mitarbeiter nicht krank werden und produktiv arbeiten. Diese angebotenen Strategien wirken höchst wahrscheinlich auch präventiv, sodass Mitarbeiter erst gar nicht mit dem LS-Syndrom in Verbindung kommen.

▶ Wie sähe ein Programm aus, das montags bis freitags für 5 min angewandt werden kann?

In Tab. 9.1 finden Sie einige Beispiele:

Tab. 9.1 Programme gegen das LS-Syndrom

Programm 1 Herr Repphan	Das „Drei Minuten Scanning" Es dient der bewussten Wahrnehmung der aktuellen Befindlichkeit und besteht aus 3 Schritten (jeweils eine Minute): 1) Wahrnehmung des eigenen Atems. 2) Sich selbst fragen: „Wo bin ich, was genau tue ich gerade, woran denke ich, was macht das mit mir?" 3) Den ganzen Körper „scannen" und ihn so bewusst spüren. Es wird empfohlen, diese Methode mehrmals pro Tag auszuüben
Programm 2 Herr Wissing	Beinhaltet 2 Komponenten: 1) Entspannungsmethoden (Atemtechniken) und 2) Emotionale Intelligenz Erziehung/Bildung – „**Die Bedienungsanleitung für Emotionen**" wie z. B. Definition von Wut, wie offenbart sich Wut eigentlich? Wozu ist das gut und warum werde ich überhaupt wütend in Situation A?
Programm 3 Frau Kiel	Integratives Tanzen: Beinhaltet Musik, die positive Laune fördert und schnelle Beats hat, um den Puls zu erhöhen. Tanzmeditation für 1 Stunde vor dem Arbeitsbeginn
Programm 4 Herr Buchenau	Frische Luft in Kombination mit Laufen Effektive Coping-Strategie, um Stresshormone zu reduzieren, wenn mehrfach am Tag angewandt

▶ Ist es wichtig, dass diese Aktivitäten freiwillig gewählt und ausgeübt werden, damit sie positive Auswirkungen entfalten können?

Andere Menschen können uns beraten und eventuell sogar überzeugen, uns jedoch nicht das Erholen abnehmen. Arbeit selbst macht uns nicht krank, es ist oftmals ein Faktor wie z. B. die Arbeitsaufgaben, die Kollegen usw. Diese Faktoren gilt es ebenfalls anzuschauen und zu klären, warum sie Menschen krank machen können.

Feedback, Unterhaltungen und generelle Ideen von Mitarbeitern bezüglich der Programme sollten hier nicht vergessen werden. Auch sollten Führungskräfte sensibilisiert werden, da diese doch immer noch eine starke Vorbildfunktion haben. „Es wäre wünschenswert, wenn ein *Top-down-Prozess* entstünde, was so viel heißt wie: Führungskräfte sollten diese Angebote selbst nutzen und leben". (Reppahn 2012)

▶ Eine unveröffentlichte Studie der Internationalen Hochschule Bad Honnef-Bonn zeigt, dass LS-Betroffene ihre Freizeit voll mit obligatorischen Aufgaben haben. Dies macht es ihnen schwer, sich frei zu entscheiden, was sie eigentlich wirklich gerne in ihrer freien Zeit machen möchten und wie sie diese designen möchten. Ihre Freizeit ist 61 % extrinsisch motiviert, was 10 % mehr ist als bei nicht vom LS-Syndrom betroffenen Menschen. Menschen, die zufrieden mit ihrer Freizeit sind, haben eine höhere Anteilnahme in ihr und sind weniger anfällig für allgemeinen Lebensstress. LS-Betroffene zeigten eine Tendenz, dass sie nicht damit zufrieden sind/waren, was sie in ihrem Leben bis dato erreicht haben. Was sind ihre Gedanken dazu?

All diese Aussagen wurden von unseren Experten unterstützt. Sie fügen hinzu, dass LS-Betroffene wahrscheinlich mit ihrer Freizeit unzufrieden sind, da sie eigene Erfolge herunterspielen – „die Aufgabe war nicht schwer, jeder hätte das beantworten können" und Misserfolge einen hohen Stellenwert haben. Auch werden Aufgaben als ein „Muss" wahrgenommen, welches Stress verursacht, der nicht abfließen kann und sich dann ein „Ventil sucht". Und dann entstehen eben die Kopfschmerzen und andere Phänomene.

Jedoch ist Licht am Horizont, denn LS-Betroffene können es lernen, mit ihrer Freizeit zufrieden zu sein.

▶ Ist es wichtig, dass Freizeit selbstkontrolliert und selbstbestimmt ist?

Eine ganz klare Antwort: Ja! Denn die Person sollte das Gefühl haben „Ich möchte dies tun". Es gibt einige Dinge, die im Leben getan werden MÜSSEN, jedoch gibt es sehr viele *Ich-Möchte-Tun's,* die als solche gesehen werden sollten. Wenn Menschen „ich möchte gerne" als „ich muss" wahrnehmen und empfinden, geht dieser wünschenswerte mentale Zustand des *Ich-Möchte-Tuns* verloren. Es wäre wünschenswert, wenn jeder von uns an dieser Wahrnehmung arbeiten könnte und wir uns öfter mal fragen würden: „Was MUSS ich eigentlich wirklich tun?" (Wissing 2012)

▶ Wäre es möglich, LS-Betroffenen Strategien während der Arbeitszeit beizubringen, um bestimmte Einstellungen und Verhaltensweisen zu verändern, sodass sie lernen, sich zu entspannen und sich in ihrer Freizeit zu erholen?

Jeder unserer Experten stimmte zu, dass es Sinn macht, diese Strategien während der Arbeitszeit zu lehren. Präsentationen, praktische Elemente (Autogenes Training oder Progressive Muskelentspannung) und Workshops können angeboten werden, um den Betroffenen zu zeigen, wie sie sich bewusst um sich selber kümmern können, wie sie Stress angehen können oder ihn erst gar nicht erst in dem bekannten Ausmaß entstehen lassen können. Seminare mit grundlegenden Informationen „Wie beuge ich Stress am Arbeitsplatz vor" oder Motivation für sportliche Ertüchtigung und spezielle Diäten sollten ebenfalls Themen sein. Hier sollte darauf geachtet werden, dass auch diese Maßnahmen als Stress wahrgenommen werden können. Deshalb empfiehlt es sich, „mit kleinen Maßnahmen wie z. B. einem wöchentlichen Newsletter anzufangen." (Wising 2012) Es ist ratsam, dieses Angebot in der Arbeitszeit anzubieten, da viele Mitarbeiter ihre Freizeit dafür nicht verwenden würden.

▶ Ist es ratsam, zwischen den Geschlechtern und den Altersgruppen zu unterscheiden, wenn man über Erholungsmethoden spricht? In wie fern und warum?

Es ist bekannt, dass jeder Urlauber unterschiedliche Bedürfnisse hat, was zu dem Gedanken führt, dass Erholung von Mensch zu Mensch variiert und es somit naheliegt, dass Erholungsstrategie A sehr erholsam für Günther, jedoch inadäquat für Hans ist. Deshalb sind Ferien auch nicht gleich erholsam für Jedermann. Die befragten Experten meinen, Erholung soll nach Möglichkeit individuell gestaltet werden, jedoch mit standardisierten Methoden. Unterschiede in den Methoden sollten durch das Geschlecht, Alter und Fitnesslevel, bzw. Krankheitsgrad bestehen.

▶ Jeder von uns Menschen hat verschiedene Methoden, die ihm oder ihr helfen, sich zu entspannen und sich zu beruhigen. Ist es demnach überhaupt möglich, ein einheitliches Konzept in Firmen anzubieten?

Methoden sind allgemein am effektivsten, wenn sie sich zusammensetzen aus Entspannungsmethoden, kombiniert mit individueller Beratung und Analyse wie z. B. Coaching, Therapie oder Supervision. Tanztherapie zum Beispiel, wie aber auch jede andere Form von kreativer Therapie (z. B. Musiktherapie), wird hier als multiperspektivische Methode genannt, da sie viele Felder erfasst und so als einheitliche Methode genutzt werden kann.

Alle Experten unterstützen die folgende Aussage: „Leicht in den Alltag integrierte Methoden für Regeneration, Schlafqualität, Essen, körperliche und mentale Aktivitäten wie auch Methoden im emotionalen Bereich sind sehr effektiv." Der beste Stress-Regulierungs-Trainer ist man selbst. Die Experten raten, Coping-Strategien bewusst zu nutzen, kontinuierlich durchzuziehen und den inneren Schweinehund zu überwinden.

Fazit

Es wird vermutet, dass jeder zweite in Deutschland von dem LS-Syndrom betroffen ist. Symptome reichen von Kopfschmerzen, Müdigkeit, grippalen Infekten und Rückenschmerzen bis hin zu Schlaganfällen und Herzinfarkten, die hauptsächlich am Wochenende und/oder in den ersten Tagen der Ferien auftreten.

Literatur

Balsereit, B., & Möller, C. (2013). *Leisure Sickness: A qualitative approach to reduce the phenomenon – from a company's point of view.* Internationale Hochschule Bad Honnef-Bonn.

Zusammenfassung 10

Bezüglich der Gründe/Erklärungsansätze für das LS-Syndrom lässt sich zusammenfassend sagen, dass Experten und Betroffenengruppenmitglieder sich stark auf den hormonellen Aspekt und auf unbewusst ablaufende Prozesse beziehen. Mit diesen Resultaten war zu rechnen, da schon Vingerhoets und Kollegen diese hervorhoben und erklärten.

Betroffenengruppen bejahen das Auftreten des LS-Syndroms nach langanhaltenden Stressphasen, hier speziell am Anfang der Ferien, was die Forschung ebenfalls vorschlägt. Es ist zusätzlich stark anzunehmen, dass LS-Betroffene ein Problem haben, sich am Wochenende zu erholen. Dies führt dazu, dass ihr Stresslevel auch dann nicht sinkt und sich Erholung erst in den Ferien einstellt, wo sogleich dann auch die Symptome auftreten.

Gelassenheit und innere Ruhe sollen sich positiv auf das LS-Syndrom auswirken und mit Wohlbefinden in Zusammenhang stehen, wohingegen Perfektionismus und ein hohes übertriebenes Maß an Involvierung, Pflichtbewusstsein und Arbeitspensum in Kombination mit negativen Bewertungsmustern sich eher negativ auf das eigene Wohlbefinden auswirken und so das LS-Syndrom fördern. Hier ist die eigene Stresswahrnehmung besonders wichtig, da diese ausschlaggebend für die Intensität der jeweiligen Symptome sein soll.

Eine neue Erkenntnis ist, dass Betroffene keine adäquaten Coping-Strategien haben und/oder anwenden. Viele Experten nehmen zudem an, dass die Betroffene gar keine Coping-Strategien kennen, die sie anwenden könnten.

Genau aus diesem Grund ist es wünschenswert, dass Ideen und Vorschläge bezüglich dieser Methoden und Strategien im Arbeitsumfeld nicht nur angeboten, sondern auch „gelebt" werden. Es gibt eine Vielzahl an Studien, die untermauern, dass Coping-Strategien überaus wichtig sind, da sie uns helfen, unsere Balance im Leben zu erlangen und beizubehalten. Coping-Strategien werden oftmals mit Sport, dem sozialen Umfeld und einer Umgebung, die der Person einen geringen Input bietet, wie z. B. die Natur, assoziiert.

Das individuelle Gefühl der Selbstkontrolle, der Sinn von Handlungen etc. ist fundamental, da genau diese Elemente unsere Bewertung von Situationen beeinflussen.

Vingerhoets hat schon 2002 gezeigt, dass eine Lebensveränderung das LS-Syndrom verschwinden lassen kann. So gaben seine Studienteilnehmer an, dass ein Jobwechsel, eine Veränderung in ihrer Einstellung gegenüber ihrer Arbeit und/oder eine generelle Veränderung ihrer Lebensgrundhaltung das LS-Syndrom verschwinden ließen. Arbeit wurde also nicht mehr als das oberste und relevanteste Lebensfeld wahrgenommen und Betroffene hörten wieder auf eigene Körpersignale.

Speziell Sport und Bewegung wurde als hilfreich genannt, da es den Übergangskonflikt von Arbeit zu Freizeit, von einem körperlichen Standpunkt aus, entgegenwirkt und verringert.

Die Erkenntnis, dass das LS-Syndrom ein klares Signal unseres Körpers ist, das uns mitteilt, eine Balance zwischen Arbeit und Freizeit wiederherzustellen und dann den Prozess einzuleiten, um dieses individuelle Lebensgleichgewicht wieder zu erarbeiten, sind fundamentale Elemente um dem LS-Syndrom entgegenzuwirken.

In unseren Betroffenengruppen erklärten die Betroffenen, dass sich ihr Wohlbefinden verbessert, wenn sie effektive Methoden kennenlernen und anwenden können, um ihren Stress zu bewältigen und daneben ihre Freizeit aktiv planen. Betroffene, die Erleichterung ihrer Beschwerden erfahren haben, äußerten, dass effektive Gegenmaßnahmen, eine Kombination von SRM, Informationsseminaren und individuelle Arbeit wie z. B. Coaching und Therapien seien und dass diese eine langfristige Entlastung von Symptomen brachten und eventuell sogar eines Tages eine endgültige Entlastung ihrer Symptome bringen werden.

Hier sollte jedoch immer darauf geachtet werden, dass Methoden auf das Individuum angepasst werden. Es sollte uns allen klar sein, dass Ergebnisse variieren können und es keine hundertprozentige Erfolgsgarantie gibt.

Literatur

Vingerhoets, J. J. M., Van Huijgevoort, M., & Van Heck, G. L. (2002). Leisure sickness: A pilot study on its prevalence, phenomenology, and background. *Psychotherapy and Psychosomatics, 71,* 311–317.

11 Warum wir dieses Buch geschrieben haben

Dieses Buch soll die Bekanntheit des Leisure-Sickness-Syndroms fördern, da dieses Phänomen oftmals nicht erkannt und/oder nicht ernst genommen wird und viele Menschen nicht wissen, a) dass und b) was sie machen können, um dagegen zu steuern und ihre Situation zu verbessern.

Es ist wichtig, verschiedene Ansätze zu finden und zu präsentieren, wie man mit dem LS-Syndrom umgehen kann. So wird Individuen geholfen und Firmen werden unterstützt, ihre Mitarbeiter gesund und produktiv zu halten.

Viele Firmen wissen leider noch gar nicht, dass ihre Mitarbeiter vom LS-Syndrom betroffen sind und sollten ihre Aufmerksamkeit vermehrt auf die Gesundheit ihrer Mitarbeiter legen und effektive Programme anbieten, wie Informationsseminare/Aufklärungsseminare, SRM und individuelle Maßnahmen wie Coaching oder Therapie.

Individuen und Firmen sollten sich darüber bewusst werden, dass sie selber die Möglichkeit haben, diesem Problem aktiv entgegenzuwirken.

Zusätzlich sollte neuen Mitarbeitern die Möglichkeit gegeben werden, sich in diese Programme zu integrieren und ihre Balance beizubehalten. Es ist wünschenswert, dass Firmen in naher Zukunft ein breites Angebot an möglichen Gegenmaßnahmen anbieten und dass Mitarbeiter diese Angebote nutzen und schätzen, damit wir zusammen dem LS-Syndrom entgegenwirken und es vermeiden können.

12 5 Tipps an Betroffene, die Sie ohne großes Engagement anwenden können

12.1 Ich atme richtig

Pro Tag atmet der Mensch im Ruhezustand etwa 15.000 Mal ein und 15.000 Mal wieder aus. Man könnte meinen, Atmen ist Ihnen in Fleisch und Blut übergegangen. Zur Versorgung des Körpers mit Sauerstoff ist es das auch.

Stress kann uns im wahrsten Sinne des Wortes die Luft abschnüren. Oft werden dann nur die oberen Anteile der Lungenflügel mit sauerstoffreicher Luft gefüllt und große Teile der Lunge bleiben ungenutzt. Bei dieser oberflächlichen Stressatmung heben sich typischerweise die Schultern, die Brust wird herausgedrückt und der Bauch eingezogen. Ein entspannter Mensch hingegen atmet tief und langsam ein und aus.

„Erst mal tief durchatmen!", ist deshalb ein gutgemeinter und sehr hilfreicher Rat, wenn der Stress uns zu überrollen scheint. Stehen Sie im Büro auf, machen Sie mal das Fenster auf und holen Sie tief Luft. Bereits fünf bis sechs bewusste Atemzüge reichen oft aus, eine Distanz zum Stress zu schaffen. Bei der entspannenden Bauchatmung wird der Solarplexus massiert. Dieses Nervennetz liegt im oberen Bauchraum und wirkt beruhigend auf das Nervensystem. Dadurch werden nervöse Spannungen gelöst und Unruhe wird abgebaut.

Gähnen ist die einfachste Form der Körperatmung. Gähnen regt den Kreislauf an und die Energie- und Sauerstoffzufuhr im Gehirn wird verbessert. Zudem löst Gähnen Verspannungen im Kopf und an der Kiefermuskulatur.

12.2 Ich gönne mir eine Pause

Nicht umsonst schreibt das Arbeitsschutzgesetz Pausen während der Arbeitszeit vor. Dass Überstunden und lange Arbeitszeiten langfristig zur Produktivitätssenkung führen, ist längst bekannt und erwiesen. Oft ist in diesen Situationen auch eine erhöhte Fehlerrate festzustellen. Machen Sie daher mal öfters eine kleine Pause. Fünf Minuten pro Stunde reichen voll und ganz aus. Gehen Sie zum Kaffeeautomat an einem offenen Fenster vorbei und verbinden Sie diesen Gang mit der Übung I „Richtig atmen" (Kap. 12.1). Damit versorgen Sie Ihre Blutbahn mit Sauerstoff, was die Denkfähigkeit im Gehirn anregt. Spitzenmanager gehen vor wichtigen Meetings oft 30 min im Park spazieren, um von Anfang an geistig fit teilhaben zu können. In Bonn zum Beispiel coachen wir so einen Manager eines großen Konzerns seit Jahren. In seiner Agenda stehen bis auf ein Jahr im Voraus die wichtigsten Termin in seiner Agenda. Und zwei Stunden vorher treffen wir uns zu, einer Stunde gemütlichen Spazierengehens im nahegelegenen Park. Wenn dieser hohe Manager das kann, dann können Sie das schon längst. Wollen Sie im harten Wettbewerb auf diesen Vorteil verzichten?

Kleine Auszeiten können auch die Momente sein, in denen Sie einfach nur aus dem Fenster schauen und Körper und Geist entscheiden lassen, wonach Ihnen zumute ist. Vielleicht hören Sie auch einfach Musik und lassen Ihre Gedanken schweifen. Ziel ist es, den Geist zu beruhigen und nicht, ihn weiter zu beschäftigen. Nehmen Sie sich jeden Tag Zeit, in der Sie etwas tun, das nur für Sie ist. Das kann auch ein Nickerchen sein.

Spontane Entspannung
Einfach mal tief durchatmen und bis zehn zählen – und am besten noch einmal tief einatmen und beim Ausatmen locker lassen: die Füße, die Beine, die Schultern, den Mund.

Oder Sie haben schon ein wenig Erfahrung mit Entspannungsübungen und können eine kurze Drei-Minuten-Entspannung einlegen:

Locker sitzen, die Augen schließen und dann Ihren Körper spüren:

Wie angespannt fühlen Sie sich? Wo sitzt die meiste Spannung? Spannen Sie diesen Muskelbereich bewusst noch etwas stärker an (vielleicht mit einer passenden Bewegung). Halten Sie diese Spannung für ein paar Momente (7 s).

Und dann lassen Sie ganz plötzlich los! Wie fühlt sich der Muskelbereich jetzt an?

Lassen Sie sich Zeit für das Nachspüren. Lassen Sie die Entspannung sich im ganzen Körper ausbreiten. Beenden Sie die Entspannung durch Bewegung (strecken und räkeln Sie sich), atmen Sie tief durch und öffnen Sie die Augen.

▶ **Tipp** Wir hatten es schon davon: Führen Sie die 50-Minuten-Stunde ein. Gewähren Sie Ihren Mitarbeitern und sich selbst in jeder Stunde 10 min zusätzliche Pause. Die Raucher tun es sowieso. Gönnen Sie den Nichtrauchern das gleiche Recht. Es gibt mittlerweile viele PC-Programme und Handysoftware, die genau dieses automatisieren. Ich verspreche Ihnen, es hilft gegen Stress.

12.3 Ich sage Nein

Es steht in jedem Management-Buch: ein Kapitel über das „Nein sagen". Dem Leser wird gesagt, wie er, nicht nur im Beruf, ohne andere zu verletzen, „Nein sagen" kann. „Nein sagen" kann, nein „Nein sagen" muss man heute erlernen. Meist haben wir aber Angst. Angst als nicht leistungsfähig, teamorientiert oder kollegial dazustehen. In der Regel stößt „Nein sagen" auf den Widerstand eines Freundes, Kollegen, Vorgesetzten oder Geschäftspartners. Dazu braucht es Mut und Verhandlungsgeschick.

Begeben Sie sich doch mal kurz in Gedanken zu Ihrem Lieblingsitaliener. Sie bestellen wie immer Ihre Lieblingsspeise: einen schönen, in Salzteig gebratenen Fisch. Giovanni bedient Sie wie eh und je immer korrekt. Nach kurzer Wartezeit serviert er Ihnen aber ein Schweineschnitzel, ohne etwas zu sagen. Was tun Sie? Essen Sie das Schnitzel, ohne etwas zu sagen? Nein… sehen Sie: „Nein sagen" ist doch gar nicht so schwer.

Peter Buchenau

Die ersten Begegnungen mit dem Wörtchen „Nein" machte ich – wie wahrscheinlich fast jeder von uns – bei meinen Eltern. Sie sagten „Nein", wenn ich mit dem Essen spielen wollte, so schön dies auch war. Sie sagten „Nein", wenn ich den Finger in die Steckdose steckte, die heiße Herdplatte untersuchte oder auf den Balkonsims kletterte.

Einige Zeit später erfuhr ich selbst die Wirkung des Wörtchens „Nein". Ich sammelte dabei die ersten Erfahrungen, wie meine Umwelt auf mein „Nein" reagierte.

Sehr oft lautete die Reaktion meiner Eltern auf das „Nein": „Wenn du dein Zimmer nicht aufräumst, bist du ein böser Junge". Mein „Nein" hatte also zumeist eine Strafe oder zumindest ein schlechtes Gewissen meinerseits zur Folge.

Da wir Menschen durch die Reaktionen der Umwelt lernen, wird ein Verhalten, das negative Reaktionen wie Tadel, Ablehnung oder Schläge nach sich zieht, mit der Zeit unterlassen. Gerade in den jungen Jahren sind wir ausschließlich von unseren Eltern abhängig und können es uns nicht erlauben, deren Gunst zu verlieren. Verhalten und Taten hingegen, wofür wir gelobt werden, behalten wir. Sind wir erst einmal erwachsen, überprüfen wir unser über Jahre antrainiertes Verhalten meist nicht mehr. Wir bleiben mit der Einstellung zurück, dass es schlimme Konsequenzen haben würde, „Nein" zu sagen.

„Nein sagen" ist ein erlerntes Verhalten. Seien Sie aber beruhigt, es gibt wohl kaum einen Menschen, der es in absolut jeder Situation schafft, „Nein" zu sagen. Häufig erleichtern Ihnen aber Stress, Wut und Ärger das „Nein sagen".

„Nein sagen" in gestressten Situationen heißt aber nicht, sich einfach zu verweigern, sondern heißt auch Alternativen anzubieten, die für Sie die Belastung reduzieren.

12.4 Ich bewege mich regelmäßig

Wenn unsere steinzeitlichen Vorfahren einem Säbelzahntiger über den Weg liefen, wurden sie innerhalb weniger Millisekunden durch unser Stress-System auf Kämpfen oder Fliehen vorbereitet. Auch wenn wir es heute nicht mehr mit wilden Tieren zu tun haben, werden durch Termindruck oder Ärger mit dem Partner, dem Chef oder einem Mitarbeiter die gleichen Reaktionen hervorgerufen. Es handelt sich dabei nicht um lebensbedrohliche Ereignisse, aber in ihrer Summe sind sie ebenfalls bedeutsam.

Während vor 50.000 Jahren die aufgestauten Hormone und die vermehrt bereitgestellte Energie in Form von Zucker und Fetten im Blut durch Aktivität (Kampf oder Flucht) abgebaut wurden, unterbleibt dieser Vorgang heute meist.

Die mentale Spannung verkörpert sich dann in Verspannungen des Nackens und Rückens. Viele Rückenbeschwerden sind bekanntlich psychosomatisch, entspringen also einer emotionalen Belastung. Regelmäßige Bewegung ist die beste Möglichkeit, hier entgegenzuwirken. Vermeiden Sie aber bitte eine Vorbereitung auf den Marathon oder ähnliches, wenn Sie viel zu tun haben. Neben der Höchstleistung im Beruf auch noch im Sport alles geben zu wollen, leert das Energiekonto auf Dauer.

„Der Körper braucht aktiven Ausgleich zur Alltagshektik", so Uwe Dresel, Sportexperte der DAK. „Sport hilft, Stress besser zu bewältigen".

Gesunde Bewegung und Sport sind wirksame Beiträge, um mit Stress umzugehen. Bewegung baut die Stresshormone Adrenalin und Cortisol sowie Spannungen ab und macht resistenter gegen Stress. Außerdem fördert es das Glücks- und Selbstwertgefühl im Körper. Dabei ist es wichtig, eine Form der Bewegung zu wählen, die nicht noch zusätzlichen Stress verursacht. Wählen Sie daher eine Sportart, die Ihnen Spaß macht oder welche Sie immer und überall ausüben können.

Dies bringt nicht nur mehr Elan, es verringert sogar depressive Verstimmungen. Das Training sollte moderat starten und regelmäßig sein. „Am besten ist es als Ritual in den Alltag einzufügen", rät Dresel. Aerobes Herz-Kreislauf-Training ist genau das Richtige. Das bedeutet: Ausdauertraining unter Verbrennung von Sauerstoff.

Dreimal 30 bis 40 min pro Woche reichen aus. Es kommt nicht auf die Schnelligkeit an, sondern auf die kontinuierliche Bewegung. Aber achten Sie dabei auf Ihren Körper. Auspowern bis zur Erschöpfung ist eher ein Betäubungsverhalten und führt nicht zum gewünschten Erholungszustand. Also für Ungeübte lieber drei Mal pro Woche einen satten Spaziergang von 30 min als einmal 90 min Joggen.

Viele Unternehmen haben das bereits erkannt und erlauben Ihren Mitarbeitern sogar während der Arbeitszeit, Sport zu treiben. Immer mehr und mehr Unternehmen investieren sogar in ein betriebliches Gesundheitsmanagement und haben Verträge mit Fitnesscoaches und Sportzentren geschlossen. Wem das zu viel ist, der kann mit täglichem Treppensteigen beginnen. Etwas Lustiges habe ich dazu aus Frankreich gehört. Dort hat die Geschäftsführung eines mittelständigen Unternehmens ihren Mitarbeitern Schrittzähler verordnet. Am Ende der Arbeitswoche muss somit eine gewisse Anzahl von Schritten auf dem Schrittzähler ersichtlich sein. Sollte das nicht der Fall sein, so steht am Freitagabend ein Fitnesscoach bereit und läuft mit den Mitarbeitern die fehlenden Schritte ab. Diese Idee gefällt uns.

Stress setzt unheimlich viel Energie frei, die Sie im Alltag im Büro oder in der Wohnung oft nicht loswerden. Deshalb ist Bewegung ein gutes Ventil, um diese Energie abzuleiten. Erst dann ist eine echte Entspannung möglich. Sorgen Sie für Bewegung: Gerade in Stresszeiten glauben die meisten Menschen, dass sie keine Zeit und Energie für Sport oder Bewegung aufbringen können. Sie sind über jeden Augenblick froh, in dem sie mal Ruhe haben. Ein schlimmer Irrtum. Gerade in Stresszeiten brauchen Sie Bewegung ganz besonders, um Ihre angestauten Stresshormone wieder loszuwerden.

12.5 Ich schlafe ausreichend

Wer morgens gut ausgeschlafen aufwacht, geht ausgeruht und mit mehr Energie in den Tag. Doch wie viel Schlaf brauchen wir? Sechs, sieben oder acht Stunden? Es gibt hierfür keine festen Regeln. Für gesunden und erholsamen Schlaf ist ein förderliches Umfeld unverzichtbar. Die richtige Temperatur, Beleuchtung und Ruhe machen den Schlaf angenehm. Idealerweise sollten Sie sich eine Schlafroutine aneignen, also zur gleichen Zeit ins Bett gehen und zur gleichen Zeit aufstehen. Ihre innere Uhr stabilisiert sich und Sie schlafen viel entspannter.

Allerdings ist es gerade in stressigen Zeiten schwieriger, gut zu schlafen. Zum ohnehin bestehenden Druck kommt dann noch der Stress der unbefriedigenden Nachtruhe hinzu. Sei es, dass es nicht gelingen will, einzuschlafen, sei es, dass man nachts häufig aufwacht oder morgens schon in aller Herrgottsfrühe wach wird.

Ausgerechnet dann, wenn Erholung besonders wichtig wäre, klappt es nicht mit ruhigem Schlaf. Mangelnder Schlaf ist bei allen Störfällen des Körpers eine mögliche Quelle des Übels. Und gerade für Menschen in stressigen Jobs ist Schlafmangel häufig als Problem vorhanden.

Die Begleit- und Folgeerkrankungen bei stressbedingten Schlafstörungen sind nach neuesten Erkenntnissen viel gravierender als bisher angenommen.

12.5 Ich schlafe ausreichend

Das „Deutsche Zentrum für erholsames Schlafen" und die „Arbeitsgemeinschaft der wissenschaftlich-medizinischen Fachgesellschaften", die die Leitlinien der deutschen Schlafforschung und Schlafmedizin (DGSM) erarbeitet hat, führen auf, dass nichterholsamer Schlaf zu Erkrankungen führen kann.

Die Folgen dieser Schlafstörungen, oft verursacht durch dauerhaften negativen Stress und dem dadurch bedingten falschen Liegen, führen zudem zu dauernder Leistungsschwäche, daraus abgeleitet Arbeitslosigkeit und Frühverrentung.

Mit diesen einschneidenden Folgen ist die Liste der Beeinträchtigungen jedoch noch nicht abgeschlossen. Wir müssen uns Folgendes vor Augen führen:

Störfaktoren beim Schlafen und falsches Liegen führen zu Durchblutungsstörungen aller Art. Diese wiederum führen direkt zu Muskelverspannungen und darüber zu Rückenschmerzen entlang der gesamten Wirbelsäule, Kopfschmerzen, Ischiasschmerzen sowie Gelenkschmerzen. Durch die oftmalige Unterbrechung des Lymphflusses ist der Schlackenabbau während des Schlafes gemindert. Dies führt vielfach zur Beschwerdeverstärkung bei Rheuma, aber auch zu einer erhöhten Allergieempfindlichkeit.

Wenn die Bandscheiben sich in der Nacht nicht regenerieren können, stehen sie am nächsten Tag nicht mehr als Puffer zwischen den einzelnen Wirbeln in dem Maße zur Verfügung, wie es wünschenswert ist. Bandscheibenvorfälle sind vielfach die Folge eines falschen Schlafverhaltens basierend auf zu viel negativem Stress. Schlafdefizite zeigen starke Einschränkungen in der Flexibilität und in der Urteilsfähigkeit. Autofahrer zeigen bei entsprechenden Schlafdefiziten Reaktionen, die vergleichbar mit 1,0 Promille Alkohol im Blut sind.

Seit 2007 gibt es die Anlage Nr. 4 zur Fahrerlaubnisverordnung. Die besagt: Bei unbehandelten Schlafstörungen mit Tagesschläfrigkeit ist keine Eignung zur Teilnahme am Straßenverkehr gegeben. Diese Verordnung wurde verabschiedet, weil rund 25 % aller Unfälle auf deutschen Straßen durch Sekundenschlaf entstehen.

Wenn die Menschen eine schwindende Leistungsfähigkeit erkennen und permanente Schwäche fühlen, werden sie nicht nur reizbar, sondern fallen oftmals in eine depressive Stimmung. Für das menschliche Miteinander ist dies tragisch und wenn berufliche Fehl- und Minderleistung hinzukommen, bricht oftmals das Selbstwertgefühl ein. Schlaf ist auch für den körpereigenen Reparaturmechanismus dringend notwendig. Wenn der Schlaf schlecht oder eingeschränkt ist, werden weniger Hormone produziert, die die Haut regenerieren.

Diese Hormone sind auch wichtig für den Muskelaufbau und die Verstärkung der Knochendichte.

Schlafunterbrechungen führen oft dazu, dass das Hormon Leptin nicht im ausreichenden Maße gebildet wird. Es signalisiert dem Körper Sättigung. Wenn das Hungergefühl ausgeschaltet ist, ist guter Schlaf ein echter Schlankmacher. Bei Schlafunterbrechungen besteht die Gefahr, dass abends und nachts gegessen wird – mit entsprechend übergewichtigen Folgen.

13 Die Top-3-Tipps für Führungskräfte und Manager

Grundsätzlich kann natürlich gesagt werden, das alle vorangegangenen Tipps für Betroffene auch für den Arbeitgeber, den Unternehmer oder die angestellte Führungskraft gilt. Mehr noch sogar: Führungskräfte haben Vorbildfunktion und sollten daher immer mit Mut und Selbstbewusstsein vorangehen. Sie als Vorgesetzter haben es in der Hand, wie stark und wie erfolgreich ihre Mannschaft ist. Der Fisch beginnt bekanntlich am Kopf zu stinken und so ist es leider in vielen Unternehmen immer noch. Ist der Fisch verdorben, kann kein Koch etwas daraus zaubern. Oder ist ein Baum morsch, kann er keine prächtigen Äpfel tragen.

Demnach leben Sie werter Unternehmer, werte Führungskraft die Prävention des Leisure-Sickness-Syndroms vor, ihre Mannschaft wird Ihnen folgen. Sie wissen ja: die Führung hat sich über die letzten Jahre massiv geändert, demnach auch die Erfolgsfaktoren, nein, *Ihre* Erfolgsfaktoren. Galt Anfang des letzten Jahrhunderts noch, dass „nur der Große" gewinnt, wurde das bereits am Ende des letzten Jahrhunderts durch: „nur der Schnelle gewinnt" abgelöst. Morgen gewinnt der Gesunde oder das gesunde Unternehmen. Wer hierzu sich gerne weiterentwickeln möchte, dem empfehlen wir die Bücher „Chefsache Gesundheit" und „Chefsache Prävention" zu lesen. Dort finden sie über 30 Tipps von hochkarätigen Autoren aus allen Wirtschaftsbereichen sowie von einigen Hochschulen, wie Sie künftig erfolgreich am Markt von Morgen bestehen können. In Kurzform haben wir nachfolgend vier Tipps für

Sie zusammengefasst. Eventuell hilft Ihnen dies bereits sehr kurzfristig Kosten einzusparen und die Produktivität sowie den Ertrag Ihres Unternehmens zu steigern.

13.1 Erlernen der Achtsamkeit gegenüber Ihnen und Ihrem Team

Unter Achtsamkeit verstehen wir eine offene, akzeptierende Haltung gegenüber allem, was man in einem ganz bestimmten Augenblick wahrnimmt. Zu den Wahrnehmungen gehören unter anderem Gedanken, Phantasien, Erinnerungen, Gefühle, Sinneserfahrungen, körperliche Reaktionen und äußere Einflüsse des Umfelds. Achtsamkeit hat das Ziel, sorgsam einerseits mit sich selbst, aber auch sorgsam mit anderen umzugehen und Belastendes loszulassen. Es geht schlussendlich einfach darum, sich ganz auf den Moment einzulassen bzw. auf das, was wir gerade in einer bestimmten Situation spüren, wahrnehmen und aufnehmen.

Das können ganz einfach, scheinbar auch unbedeutende Dinge und Momente sein, zum Beispiel einen tollen Wein genießen, eine Stück Schokolade essen oder auch die Berührung durch den Partner. Ziel ist es erst einma, zu riechen, zu schmecken, zu erfühlen und zu genießen – ohne eine Wertung abzugeben, ohne einen Gedanken an etwas anderes zu verschwenden, das ist Achtsamkeit.

Der große Feind der Achtsamkeit ist jede Gewohnheit, jede Routine, jede Unachtsamkeit und führt zu Verdruss statt zu Genuss. Oder auch wirtschaftlich ausgedrückt: zum Verlust des Auftrages, zum Rückgang der Umsatzzahlen oder auch zu einem hohen Krankenstand im Unternehmen.

Achtsamkeitsübungen werden in der Regel zum Stressabbau, zur Schmerzlinderung und in der Behandlung von Krebspatienten, Angststörungen, Depressionen und der Borderline-Persönlichkeitsstörung eingesetzt. Warum auch nicht zur Prävention des Leisure-Sickness-Syndroms? Gerade hier erscheint es uns immens wichtig, Achtsamkeit anzuwenden. Allerdings erfordert Achtsamkeit Übung. Es ist nicht leicht, aber wenn man es erlernt hat, unabdingbar gewinnbringend, was wir selbst bestätigen können.

Am Anfang machten wir die Erfahrung, dass wir abschweiften, uns mit der Zukunft oder der Vergangenheit beschäftigen, unsere Wahrnehmungen als gut oder schlecht bewerten, gegen unsere Gefühle ankämpften, Gedanken unterbrachen, etc. Erst mit etwas Übung konnten wir ganz bei dem sein, was wir wahrnahmen und kamen so in die Vorteile des Achtsamkeitstrainings.

Heute wenden wir das Achtsamkeitstraining oft selbst an. Es hilft uns Autoren als Präventivmaßnahme. Achtsamkeit verhilft uns heute auch, den Augenblick mehr zu genießen und uns zu entspannen. Achtsamkeit steigert so die Lebensqualität.

Wie viel das Ihnen als Unternehmer nützt, hat die London Underground vorgemacht. Die London Underground gewann bereits 2005 den Britischen Gesundheitspräventionspreis. Was hat die Firma getan? Sie hat alle Angestellten durch Stresspräventionstrainings auf Achtsamkeit ausgebildet. Prozesse wurden angeschaut, Arbeitsbedingungen wurden verbessert und alle Führungskräfte wurden ganz intensiv auf das Früherkennen von Stress-, Burnout- oder LS-Symptome geschult. Das Ergebnis kann sich sehen lassen. Bereits ein Jahr nach Einführung reduzierten sich die Personalkosten um 455.000 Pfund. Wann fangen Sie in Ihrem Unternehmen an, sinnvoll Kosten einzusparen?

> **Noch ein privater Tipp** Wenn Sie dieses Buch heute im Büro lesen und nachher nach Hause gehen, dann geben Sie Ihrem Partner bei der Begrüßung nicht nur einen flüchtigen Kuss auf die Wange und hauchen ein erschöpftes und vielleicht gestresstes Hallo in des Partners Ohr. Nehmen Sie stattdessen Ihren Partner in den Arm, spüren seine Wärme, seinen Duft, seine Berührung, geben Sie Ihrem Partner einen langen Kuss. Seien Sie mit Ihren Sinnen ganz bei dem, was Sie dann hören, riechen, sehen, schmecken oder fühlen und vielleicht spüren Sie etwas, was Sie schon lange nicht mehr erlebt haben. Vielleicht einen neuen Zauber in Ihrer Partnerschaft.

13.2 Die Organisation auf die Prävention des LS-Syndroms ausrichten

Richten Sie Ihr Unternehmen, Ihren Betrieb, Ihre Abteilung oder vielleicht nur Ihr Team auf die Prävention des LS-Syndroms aus? Überprüfen Sie sogenannte Betriebsstressoren? Was stresst Sie? Was stresst Ihre Belegschaft, Ihr Team? Glauben Sie mir, in jedem Unternehmen gibt es Stressoren. Die erfolgreichen Unternehmen am Markt haben gegenüber den weniger erfolgreichen Unternehmen eines erkannt. Sie beschäftigen sich mit dieser Problematik, haben wahrgenommen und akzeptiert, dass hier Handlungsbedarf besteht. Im Gegensatz zu den nicht so erfolgreichen Unternehmen, die in harter diktatorischer und selbstherrischer Art die Augen vor der Realität verschließen. Wegschauen liebe erfolglose Unternehmer und Führungskräfte, ist keine Lösung.

Wir haben bei unseren Beratungen festgestellt, dass es oft Kleinigkeiten sind, die zu verändern sind. Aber jede Veränderung tut bekanntlich erst einmal weh. Vor allem aber haben die meisten Unternehmer und Führungskräfte Angst vor Veränderungen. Sie müssen ihr gewohntes Umfeld verlassen. Das heißt in der Regel neu denken. Und wer arbeitet schon gerne freiwillig? Unser Gehirn ist grundsätzlich faul, wir gehen immer den scheinbar einfachsten Weg. Nur hilft uns das nicht immer weiter.

Peter Buchenau
So mussten auch wir Autoren uns verändern. Als Berater und als Interim Executiv hatte ich ein gutes Erfolgsmodel. Bis die Krise 2008 kam. Auf einmal waren die Aufträge nicht mehr da. Jahresaufträge wurden von heute auf morgen gekündigt. Mein Einkommen war nahezu null Euro. Ich hatte gar keine andere Wahl und musste mich verändern, ich musste lernen und meine Firme umbauen. Ich schuf ein neues Organisationsmodell und heute schreibe ich wieder schwarze Zahlen. Wenn ich das geschafft habe, können Sie das auch.

Analysieren und strukturieren Sie Ihre Stressoren. Idealerweise erstellen Sie für Ihr Unternehmen oder für Ihre Abteilung einen sogenannten Stressregulierungsplan. Bei einem Stressregulierungsplan werden als erstes alle Stressoren in der Abteilung, Firma, Unternehmung gesammelt. Diese werden dann sichtbar an einem Ort aufgehängt. Am besten eignet sich dazu einen Pinnwand mit Metaplankärtchen. In der zweiten Phase werden die Stressoren analysiert und strukturiert. Idealerweise liegen zwischen dem ersten und dem zweiten Schritt zwei bis vier Wochen, da sich die Stressoren in den laufenden Prozessen verändern können. Ordnen Sie anschließend die Stressoren in lösbare und nicht lösbare Stressoren. Die lösbaren Stressoren ordnen Sie weiterhin in:

a. Sofort lösbar (unmittelbar jetzt)
b. Kurzfristig lösbar (sie lösen diesen Stressor in den nächste 1–3 Monate)
c. Langfristig lösbar (alles was länger als 3 Monate bedarf)

Die scheinbar unlösbaren Stressoren schauen wir uns dann genauer an. Gerne können Sie uns dazu konsultieren. Wichtig ist aber: bauen Sie Pufferzeiten ein, oder gehen Sie konsequent nach der Mittagspause eine halbe Stunde spazieren. Nehmen Sie dazu ruhig mal einen Mitarbeiter mit. Gerne laufen auch wir mit Ihnen.

13.3 Gesundheit als Erfolgsfaktor definieren

Was ist gute Mitarbeiterführung? Darüber sind sich offensichtlich viele Chefs immer noch uneinig. Viele meinen, dass das Einfordern von Zielen und Zahlen als Führungsqualität völlig ausreicht. Andere fragen sich, passen Wirtschaftlichkeit und Wohlergehen überhaupt zusammen? Die meisten Chefs meinen nein.

Wir, Birte Balsereit und Peter Buchenau, sagen JA!

In deutschen Unternehmen sieht Führung heute leider so aus, dass 33 % aller Führungskräfte ihre Mitarbeiter bei einer ernsten Erkrankung nicht nach Hause schicken. Und sogar 17 % sagen, von häufig kranken Mitarbeitern sollte man sich trennen. Dies besagt eine Umfrage der Hochschule Coburg aus dem Jahr 2012 zum Thema Wirtschaftlichkeit und Wohlergehen.

Führung bedeutet, auch mal NEIN zu sagen.

Aber auch mit ihrer eigenen Gesundheit gehen Führungskräfte schonungslos um.

58 % von ihnen gehen auch mit einer mittelschweren Erkältung zur Arbeit, weitere 29 % arbeiten von zu Hause. Leider gilt in Deutschland die Anwesenheit am Arbeitsplatz immer noch als Leistungs- und Karrierekriterium.

Jeder sieht, wenn Sieum 16.00 Uhr nach Hause gehen. Dann wird einem scherzhaft vorgeworfen, man hätte einen Halbtagsjob. Keiner sieht aber, dass gerade Sie als Führungskraft oft schon um 5 Uhr in der Firma sind oder am Abend bis Mitternacht arbeiten. Dazu kommt noch erschwerend, dass 63 % der Manager – ich betone hier Manager und nicht Führungskräfte – sagen, in ihrem Unternehmen würden nur Mitarbeiter mit besonders langen Arbeitszeiten bevorzugt befördert. Diese Manager haben wahrscheinlich die IBM-Studie aus dem Jahr 2010 nicht gelesen, warum Mitarbeiter tatsächlich befördert werden.

Leider, so viele der Befragten, hat dieses Verhalten nichts mit einem klassischen Anwesenheitswahn zu tun. Ohne Zwölf-bis-Sechzehn-Stunden-Schichten ist das Pensum meist nicht mehr zu schaffen. Gerade in den Randzeiten, vor 8 Uhr und nach 18 Uhr, hat die Führungskraft eigentlich nur die Ruhe sich echten Führungsaufgaben wie Vision, Strategie und Umsetzung zu widmen. In der Zeit dazwischen spielt sie Feuerwehrmann, löscht, wo immer es brennt und beantwortet die tägliche E-Mail-Flut an unwichtigen Informationen.

Fragt man weiter Führungskräfte nach organisatorischen Möglichkeiten, den Krankenstand und Kostensenkungspotenziale, geben erstaunlicherweise 81 % an, ein systematisches Gesundheitsmanagementsystem könne helfen. Weitere 72 % der Führungskräfte sehen in der Verbesserung des Betriebsklimas eine weitere sinnvolle und schnell umsetzbare Möglichkeit. Aber warum handeln Führungskräfte dann nicht entsprechend? Was viele nicht zu wissen scheinen: auch Gesundheit ist ansteckend. Ja, Sie haben schon richtig gehört. Doch scheinen die meisten Führungskräfte lieber das Geld aus dem Fenster zu werfen, als zuzugeben, dass sie ein Problem haben.

Dabei führt gesundheitsbewusste Führung zu einer nachhaltigen und positiven Leistungsspirale. Diese neue Führungsmethode stellt sowohl für Mitarbeiter und Führungskräfte als auch für das Unternehmen oder die Organisation eine Win-Win-Situation dar.

Gesundheitsbewusste Mitarbeiterführung fängt bei der richtigen Selbstführung an. Das kann man immer wieder bei diesen Lach-Yoga-Kursen erleben. Sollten Sie übrigens unbedingt mal versuchen. Denn Sie können Ihren Mitarbeitern nicht gesundheitsbewusstes Handeln und Arbeiten predigen, wenn Sie selbst mit Ihren Chips auf der Couch festgewachsen sind.

Sie als Führungskraft müssen immer authentisch bleiben, das haben wir schon öfters erwähnt.

Tödlich ist es auf alle Fälle, wenn lediglich ein neues Etikett „Gesundheitsgeprüft" aufgeklebt wird. Und „tödlich" kann man hierbei durchaus wörtlich nehmen. Denn die Folgen von Burnout haben mittlerweile den Herzinfarkt von Platz 1 abgelöst.

Schon sind wir wieder beim Thema Selbstverantwortung. Mitarbeiter werden nicht gesünder leben, wenn Ihre Vorgesetzten nicht mitmachen.

Gesundheitsbewusste Führung hat sich mittlerweile als Erfolgsmultiplikator eines Unternehmens bewiesen. Nun gilt es durch intensive Schulungen der Führungskräfte einen Kulturwandel zu vollbringen. Dass sich das lohnt, hat die London Underground gezeigt. Wartung ist günstiger als Reparatur oder Neuanschaffung.

Das Zusammenspiel von Leistung und Gesundheit ist in den bisherigen Managementansätzen nicht etabliert. In den bisherigen Ansätzen geht es hauptsächlich nur um das kurzfristige maximale „Abgreifen" von Leistung und Gewinn. Eine Integration von Leistungsfähigkeit und der Gesundheit eines Einzelnen, wäre dabei eher rein zufällig. Wann der Einzelne letztendlich mit seiner Aufgabe überfordert ist, wird erst bemerkt, wenn die Leistungsfähigkeit und Produktivität sinken, also im übertragenen Sinne auf ein Auto reflektiert, wenn der Motor anfängt zu stottern oder gar nach gewisser Zeit im Extremfall stehen bleibt.

Liebe Manager: den Motor eines Fahrzeuges muss man regelmäßig warten, man wechselt regelmäßig das Öl aus, man überprüft die Ventile. Nur so bringt das Fahrzeug über lange Sicht Fahrfreude und hält die versprochenen Kilometer. Tun Sie das auch bei Ihren Mitarbeitern? Warten Sie diese? Sie lassen den Motor Ihres Fahrzeuges ja auch nicht über einen längeren Zeitraum im roten Bereich drehen.

Heute wird leider der Vorsorge- oder Präventivansatz im Management nur bei Maschinen angewendet. In jedem Maschinenbau- bzw. BWL-Studium wird den Studierenden beigebracht, dass es immer kostengünstiger ist, eine Maschine zu warten als diese später zu reparieren. Dieses in der Regel im Verhältnis 1:10, was heißt, für jeden Euro, den ich die Wartung einer Maschine investiere, spare ich 10 € Reparaturkosten.

Doch obwohl im Leistungssektor, Menschen oft mit Maschinen gleichgesetzt werden, erfolgt wartungstechnisch hier noch keine Gleichstellung.

Einzelne Führungskräfte haben jedoch zwischenzeitlich erkannt und versuchen, gesundheitsintegrierte Führung in ihren Unternehmen einzuführen. Ihnen sei unser Dank. Dies geschieht leider oft nur mit schwachem oder sehr schleppendem Erfolg. Größter Hemmschuh sind dabei die anderen Managementkollegen, welche nicht das Rückgrat haben, der einen Führungskraft zur Seite zu stehen, um gemeinsame Verbesserungen zu erreichen. Nein, diese Manager stellen sich massiv gegen eine Veränderung. Eine Veränderung heißt immer, sich aus dem Gefühl der Sicherheit zu entfernen und neue Wege zu gehen. Dazu sind aber diese Manager (nicht alle) zu feige oder auch zu bequem.

Handeln müssen Sie, denn Gesundheit ist Chefsache.

„Jeder ist seines Glückes Schmied", so Appius Claudius, Caecus (röm. Konsul Jahre 307 und 296 v. Chr). Sie als Unternehmer, Chef oder Führungskraft haben es selbst in der Hand, ob Sie morgen erfolgreich und zudem gesund sind. Wir können Ihnen nur den Rat geben, was Sie zu tun haben – wann und wie Sie es tun, ist Ihre Aufgabe.

14

Interview mit Claudia Strobl, ehemalige Profisportlerin

▶ Frau Strobl, ganz herzlichen Dank für Ihre Zeit. Leisure-Sickness oder auch die Ferienkrankhheit steigt mehr und mehr an. Eigentlich ist ein Thema für Leistungsträger in der Wirtschaft. Manager werden oft in den Ferien oder am Wochenende krank. Haben Sie als ehemalige Profisportlerin das auch erlebt, dass Sie in sogenannten Ruhephasen krankheitsanfälliger waren? Wenn ja, wie hat sich das geäußert?

Als „kritische" Zeit galt für uns Skirennläufer die Zeit zwischen Weihnachten und Neujahr. Der Herbst ist dicht gedrängt mit Training am Gletscher, den Qualifikationsläufen für die ersten Rennen und die letzten Feinabstimmungen am Material. Dann folgen im November und Dezember Schlag auf Schlag die Rennen. Da gilt es konzentriert und topfit zu sein. Der Körper stellt ein außergewöhnliches Maß an Energie zur Verfügung. Sobald das letzte Rennen vor der Weihnachtspause vorüber ist, fällt dieser über Monate anhaltende Termin- und Leistungsdruck plötzlich ab. Das Immunsystem wird anfälliger für grippale Infekte. Es scheint sich das Sprichwort „Wer rastet, der rostet" oftmals zu bewahrheiten.

▶ Interessant! Wie haben Sie sich davon regeneriert? Sie mussten ja unmittelbar nach der Ruhephase wieder Höchstleitung bringen.

Der Körper holte sich die Ruhe, die ich ihm vorenthalten hatte, in Form von Fieber, Grippe. Vor 25 Jahren gab es noch keinen Begriff dafür. Geduld und

© Springer Fachmedien Wiesbaden 2015
P. Buchenau, B. Balsereit, *Chefsache Leisure Sickness*,
DOI 10.1007/978-3-658-05783-1_14

bewusstes Annehmen halfen am besten. Eine Grippe braucht bis zur vollkommenen Genesung ohne Medikamente eine Woche und mit Medikamenten sieben Tage.

> ▶ Sie sind heute als u. a. als Trainerin und Beraterin unterwegs. Sehen Sie in diesem Punkt Gemeinsamkeiten zwischen Wirtschaft und Sport?

Ja, es sind durchaus ähnliche Symptome zu erkennen. Wer beruflich unter Dauerstress steht, registriert in den Ruhephasen zunächst eine ungewohnte Müdigkeit. Die betreffenden Personen können zumeist nicht loslassen bzw. abschalten. Der Körper verlangt nach Urlaub. Die Gedanken sind jedoch noch im Job verankert. Das Gedankenkarussell dreht sich weiter und verursacht Stress. Die Folge der nunmehr ungewohnten Entspannung sind heftige Reaktionen des psychovegetativen Systems. Es reagiert zuerst mit Müdigkeit und schließlich sogar mit Immunschwäche, Gliederschmerzen, grippalen Infekten.

> ▶ Welchen Tipp würden Sie heute Ihren Seminarteilnehmern zu diesem Thema mit auf den Weg geben?

Gesundheit ist unser wertvollstes Gut. Achten Sie auf Ihre ganz persönlichen „Gesundheitsbedürfnisse", bevor sich der Körper holt, was ihm zusteht. Hören Sie auf Ihr inneres Feedbacksystem – Ihre Gefühle sagen Ihnen ganz genau, was Ihnen gut tut und was nicht.

Ein täglicher Energiebooster ist die „Mentale Energiereise". Eine kurze, sehr effektive Übung. Besonders wirkungsvoll gegen den Energieeinbruch in der zweiten Tageshälfte. Setzen Sie sich dazu bequem hin, schließen Sie Ihre Augen, atmen Sie mehrmals tief ein und aus und denken an einen Ort, der Ihnen Kraft und Energie spendet. Umgeben Sie sich in Gedanken mit den Menschen, die Ihnen gut tun. Beantworten Sie für sich die Frage: „Wofür bin ich derzeit in meinem Leben besonders dankbar?" Sobald Sie diese Emotion der Dankbarkeit am intensivsten spüren, drücken Sie Daumen und Zeigefinger aneinander. Mit etwas Training können Sie sich durch diese „Ankertechnik" in einen ressourcenvollen Zustand versetzen.

14 Interview mit Claudia Strobl, ehemalige Profisportlerin

▶ Frau Strobl, ich bedanke mich für das Gespräch!

Sehr gerne. Herzlichen Dank, dass Sie durch Ihre „Chefsache-Bücher" wertvolle Themen aufgreifen und den Lesern sehr wirkungsvolle Lösungen anbieten.

Nachwort 15

Björn Begemann ist Wirtschaftspsychologe und Persönl-Ich-keitsexperte. Er berät Unternehmen und Privatpersonen und hat diverse Lehrauftrage für Psychologie. In seiner täglichen Arbeit begegnen ihm immer wieder Menschen, mit den erwähnten Symptomen, was ihn dazu bewog, das Nachwort für dieses Buch zu schreiben.

Nun was haben Sie jetzt unternommen, nachdem Sie dieses Buch gelesen haben? Sind Sie gewillt, etwas zu unternehmen oder möchten Sie es am liebsten sofort wieder zur Seite legen, da Sie zu tun haben?

Auch ich stelle fest, dass in meinen Coachings das Thema Stress und Burnout zunimmt. Immer mehr Führungskräfte berichten von den im Buch beschriebenen Symptomen. Die Generation Stand-By ist allgegenwärtig. Immer und überall sind wir erreichbar. Das Handy ist auch im Fitnessstudio mit dabei, da es ja glücklicherweise die Funktion des MP3-Players mit übernimmt. Dann kann man auch gleich ein paar Fotos machen und lustige Filmchen drehen, wenn etwas passiert. Und mobiles Internet sei Dank kann man diese Bilder oder Filme dann sofort bei Facebook einstellen. Natürlich muss dabei der Ort (das Fitnessstudio) angegeben werden, damit jeder der Freunde ein schlechtes Gewissen bekommt, da diese selbst ja gerade nicht im Fitnessstudio sind.

Das vorliegende Buch zeigt meiner Meinung nach deutlich auf, dass es höchste Zeit ist, uns über unser Verhalten und das unserer Umwelt Gedanken zu machen. Ich selbst wollte dieses Nachwort eigentlich über die Weihnachtsfeiertage schreiben. Für mich als Selbstständiger sind diese Feiertage eine willkommene Möglichkeit, lange liegengebliebenes wegzuarbeiten, da ich nicht Gefahr laufe, von Kunden gestört zu werden. Fragt sich nur wie lange noch, denn mich haben schon Kunden am Sonntag über den Facebookmessenger kontaktiert.

Nun was glauben Sie, ist passiert? Habe ich den Beitrag vor Silvester fertig bekommen? Sie dürfen raten! Ich wurde krank. Natürlich ist es sehr bezeichnend, dass ich ausgerechnet dann über die Feiertage krank werde, wenn ich mich mit einem Buch über das LS-Syndrom beschäftige, um dazu das Nachwort zu schreiben.

Ich könnte es natürlich darauf schieben, dass ich unbewusst durch das Buch beeinflusst wurde und das normalerweise nicht passiert wäre. Könnte ich. Nun, ich erzählte Freunden und Geschäftspartnern davon, dass ich über die Feiertage nichts von dem geschafft habe, was ich mir vorgenommen hatte und bekam ein erstaunliches Feedback. Sehr vielen ging es genauso! Sollte das LS-Syndrom etwa schon in meinem Umfeld angekommen sein? Das ist bestimmt nur das Gesetz der Resonanz. Als ich meinen Führerschein machte, sah ich auch überall Fahrschulwagen und wenn die Frau schwanger ist, sieht man überall schwangere Frauen. Nun gut, das könnte eine Erklärung sein. Doch sie waren ja dann schon die ganze Zeit da, ich habe sie nur nicht gesehen. Und genau so ist es auch mit dem LS-Syndrom! Es ist keine neue „Modekrankheit", sondern es ist allgegenwärtig!

Kürzlich war ich in meinem Stammsupermarkt einkaufen und die Verkäuferin war völlig erkältet. Nachdem ich sie bedauerte, meinte sie nur, „na ja ist doch typisch. Heute ist Samstag, ich werde immer zum Wochenende krank". Ich dachte mir nur: „aha, in diesen Berufen also auch schon". Ist das ein Einzelfall? Gibt es das LS-Syndrom nur bei Managern und Führungskräften oder ist der gesellschaftliche Druck in alle Berufssparten soweit fortgeschritten, dass wir alle Gefahr laufen, daran zu erkranken?

Im Buch wurden die Studierenden erwähnt. Ich selbst bin Lehrbeauftragter für Psychologie und stelle auch dort fest, dass der Druck immens zunimmt. Die Studierenden sind völlig verunsichert. Gerade wenn es sich um ein semivirtuelles Studium handelt, dann sind die Anforderungen an die Persönlichkeit der Studierenden extrem hoch. Viele der Studierenden arbeiten schon neben dem Studium. Das Studium muss völlig selbstorganisiert abgeleistet werden und ein sozialer Kontakt zu den Kommilitonen findet allenfalls über Facebook, WhatsApp oder Skype statt.

Leider alles Dinge, die jetzt schon die Weichen für ein LS-Syndrom stellen.

15 Nachwort

Meiner Meinung nach ist das Besondere an diesem Buch, dass es uns eigentlich nichts Neues erzählt. Oder doch? Die Dinge zu wissen ist eine Sache, doch etwas dagegen zu tun, eine andere.

Sicherlich wissen Sie schon ganz genau, was Sie tun können, um sich entweder vor dem LS-Syndrom zu schützen oder sogar schon bestehende Symptome zu lindern.

Im Buch gibt es genügend Tipps, um gegen das LS-Syndrom vorzugehen. Doch machen Sie sich jetzt bitte keinen Stress, alle auf einmal umzusetzen. Ich persönlich würde mit dem im Buch mehrfach erwähnten Übergangsritual starten.

Gerade das Übergangsritual ist meiner Meinung nach extrem wichtig und vor allem am leichtesten umzusetzen. Egal, ob angestellt oder selbstständig. Bei Selbstständigen heißt es ja oft „selbst und ständig" und genau dieses sollte bewusst unterbrochen werden. Doch auch Angestellte, vor allem Führungskräfte, neigen dazu, die Arbeit mit nach Hause zu nehmen. Jeder, bei dem das so ist, sollte sich über ein Übergangsritual Gedanken machen.

Ich wünsche Ihnen ganz persönlich viel Erfolg beim Umsetzen und hoffe sehr, dass das Buch Ihnen hilft, ein bereits bestehendes LS-Syndrom zu lindern und letztendlich wieder gesund zu werden oder zu verhindern, dass es zu einem LS-Syndrom kommt.

Ihr Björn Begemann

Diplom-Wirtschaftspsychologe (FH)

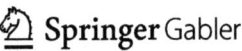 springer-gabler.de

Neu in der Reihe Chefsache...

Peter H. Buchenau (Hrsg.)
Chefsache Prävention I
Wie Prävention zum unternehmerischen
Erfolgsfaktor wird
2014, XIV, 325 S. 48 Abb. Brosch.
€ (D) 29,99 | € (A) 30,83 | *sFr 37,50
ISBN 978-3-658-03611-9

Peter H. Buchenau (Hrsg.)
Chefsache Prävention I
Wie Prävention zum unternehmerischen
Erfolgsfaktor wird
2014, XIV, 325 S. 48 Abb. Brosch.
€ (D) 29,99 | € (A) 30,83 | *sFr 37,50
ISBN 978-3-658-03611-9

Peter H. Buchenau (Hrsg.)
Chefsache Prävention I
Wie Prävention zum unternehmerischen
Erfolgsfaktor wird
2014, XIV, 325 S. 48 Abb. Brosch.
€ (D) 29,99 | € (A) 30,83 | *sFr 37,50
ISBN 978-3-658-03611-9

Peter H. Buchenau (Hrsg.)
Chefsache Prävention I
Wie Prävention zum unternehmerischen
Erfolgsfaktor wird
2014, XIV, 325 S. 48 Abb. Brosch.
€ (D) 29,99 | € (A) 30,83 | *sFr 37,50
ISBN 978-3-658-03611-9

€ (D) sind gebundene Ladenpreise in Deutschland und enthalten 7% MwSt. € (A) sind gebundene Ladenpreise in Österreich und enthalten 10% MwSt.
Die mit * gekennzeichneten Preise sind unverbindliche Preisempfehlungen und enthalten die landesübliche MwSt. Preisänderungen und Irrtümer vorbehalten.

Jetzt bestellen: springer-gabler.de

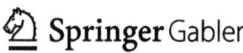   springer-gabler.de

Neu in der Reihe Löwen-Liga

Peter H. Buchenau, Zach Davis
Die Löwen-Liga
Tierisch leicht zu mehr
Produktivität und weniger Stress
2013. X, 148 S. 52 Abb. Brosch.
€ (D) 14,99 | € (A) 15,41 | *sFr 19,00
ISBN 978-3-658-00946-5

Peter H. Buchenau, Zach Davis,
Sebastian Quirmbach
Die Löwen-Liga:
Wirkungsvoll führen
2015. Ca 150 S. Brosch.
€ (D)17,99 | € (A) 18,49 | *sFr 22,50
ISBN 978-3-658-05286-7

Peter H. Buchenau, Zach Davis, Martin Sänger
Die Löwen-Liga:
Verkaufen will gelernt sein
2015. Ca 150 S. Brosch.
€ (D)17,99 | € (A) 18,49 | *sFr 22,50
ISBN 978-3-658-05288-1

Peter H. Buchenau, Zach Davis, Paul Misar
Die Löwen-Liga:
Der Weg in die Selbstständigkeit
2015. Ca 150 S. Brosch.
€ (D)17,99 | € (A) 18,49 | *sFr 22,50
ISBN 978-3-658-05419-9

€ (D) sind gebundene Ladenpreise in Deutschland und enthalten 7% MwSt. € (A) sind gebundene Ladenpreise in Österreich und enthalten 10% MwSt.
Die mit * gekennzeichneten Preise sind unverbindliche Preisempfehlungen und enthalten die landesübliche MwSt. Preisänderungen und Irrtümer vorbehalten.

Jetzt bestellen: springer-gabler.de

MIX
Papier aus verantwortungsvollen Quellen
Paper from responsible sources
FSC® C105338

If you have any concerns about our products,
you can contact us on
ProductSafety@springernature.com

In case Publisher is established outside the EU,
the EU authorized representative is:
**Springer Nature Customer Service Center GmbH
Europaplatz 3, 69115 Heidelberg, Germany**

Printed by Libri Plureos GmbH
in Hamburg, Germany